U0033428

二魚文化

Mercury　Venus　Earth　Mars　Jupiter　Saturn　Uranus　Neptune

科學的故事 I

科學的序曲：觀天象

contents

推薦序

　　我認識作者超過半世紀，我們是大學同班同學。他治學嚴謹，凡事追根究柢，頗有科學家風範。近年來他更發揮教育家的精神，寫了好幾本科普書，以淺顯易懂的文字來描述深奧的科學原理，造福普羅大眾。這也很明顯的反映在這本書中；我們現在認為理所當然的「時間」，起源是從何而來，最後又是如何定義的？從古老時代人類的細心觀看，再以累積得來的觀察結果，建立假說看看是否符合觀察所得；整體過程是經過如此漫長的歲月，無限的經驗累積，才有今日的「理所當然」。書中細述來龍去脈，包括古今中外的發展及比較，甚至還穿插了精美的圖片，有的是取自藝術名畫，也有的是作者自己親筆畫作，更能加深讀者的印象。若欲一探任何現象之究竟或滿足你的好奇心，這絕對是本最佳選擇研讀及參考的讀物。實在佩服作者認真的求證推理且細心又生動的描述，非常符合實驗科學的精神。就如同作者在書中所說：「感性是科學的靈魂，而理性是科學的肉體。」以科學思想伴隨著人文歷史的發展來寫這本書。期望讀者在享受現代文明之際，也能充分瞭解現代文明漫長發展之過程。在你欣賞這本《科學的故事 I ──科學的序曲：觀天象》後，一定會迫不及待的期待閱讀第二個故事：《歐洲科學革命及牛頓定律》；接著第三個故事：《波的概念》及第四個故事：《物質》。仔細讀完這一系列的故事後，相信你將對世界萬物之組成會有通盤瞭解。在此極力推薦本系列故事，並預祝大家快樂閱讀欣賞。

王瑜

中央研究院副院長
臺大化學系特聘研究講座
於臺北

推薦序

　　徐明達院長是我高中時的同窗好友，毗鄰而坐，經常一起討論問題。他的認真、勤奮和對教育的關心，讓我非常欽佩。大學時，他在化學系，我在物理系，常一起修課，讀研時，同在加州理工學院，也時常連絡。在這些時期，明達兄一直保持認真、勤奮和關懷教育的精神。

　　本月 19 日畢業五十年重聚會在臺大體育館舉辦，二十餘年未見，短暫的告知現狀，欣聞其在過去十幾年寫了好幾本科普的書籍：《病毒的故事》、《禽流感大戰疫》、《廚房裡的秘密：飲食的科學及文化》、《細菌的世界》。徐明達院長一向關注科學的起源和科學的方法，一直想用實際的發展和例子將科學的起源和方法有趣並條理分明的介紹給一般大眾。

　　徐教授退休後，把以前收集的資料整理出來，準備寫成一系列以科學故事為基礎的科普書籍，以闡明科學的起源和方法。觀天象令人感到自然現象的規律與持續，在人文上啟發了「天行健，君子以自強不息」的精神，在應用上推定了農時。對日月星辰運行的觀測、計算和預測，引發了古代天文學的發展。這是科學的故事第一集的主要內容。古代天文學可以說是現代科學的濫觴，經過哥白尼、第谷、伽利略、克卜勒、牛頓等人的繼續發展，形成了牛頓力學的世界體系，定量化了時間、方位和運動的概念，是科學方法應用的一個典型和重要的例子。這是科學的故事第二集的內容。牛頓力學的世界體系，可以說是科學界第一次的集大成，影響了世界兩百餘年。到了十九世紀下半，牛頓力學逐漸不能說明所有的觀測和實驗，開始了狹義相對論和廣義相對論對時間空間觀念的修正，和量子力學對物質亦是波動的嶄新闡述。量子力學的發展及應用促使了我們對凝態的瞭解，並促成了半導體、固態電子、光電的產

業革命，繼而促成了電腦、資訊與大數據的二次革命。

今年 2 月 11 日美國雷射干涉重力波天文臺（LIGO，Laser Interferometer Gravitational-Wave Observatory）在預定的記者會上，宣布 LIGO 團隊和 Virgo（義大利和法國在 Pisa 地區建造的 3 公里臂長重力波天文臺）團隊以 LIGO 兩個相距 3000 公里、臂長 4 公里的重力波干涉儀探測到了距離我們約 13 億光年的兩個大約為 30 太陽質量黑洞的合生所產生的重力波。這次的合生是在 2015 年 9 月 14 日探測到的，信號持續的時間為 0.2 秒。合生時最大的重力波亮度大於可觀測到宇宙所有恆星亮度的總合。因其合生時的距離，最大的重力波應變達到探測器時為 10^{-21}，對 4 公里臂長的應變為 4am（attometer；atto 為 10^{-18} 之義），即約為鋁原子核的千分之一。LIGO 團隊和 Virgo 團隊正在分析其它的合生信號。重力波的首探開啟了天文學新的領域，進一步的發展可使一個靈敏的干涉儀探測大部分的宇宙，無需以管窺天，可以說是人類科學發展上的極至。而這極至的達成有賴上述基本物理定律的建立和近代儀器的發展。

在高中、大學時，常看各種書籍，很想多瞭解一些科學的發展和起源。然而，啟蒙和較有系統的中文書難尋。徐教授這一系列書籍可以對現在的年輕人和科學愛好者提供了很好的科學發展啟蒙和有系統的概念介紹，可以為現在的年輕人和科學愛好者慶幸，其第一冊《科學的序曲：觀天象》更是重要的開始。

倪維斗

清華大學退休榮譽講座教授

2016 年 3 月於清華大學

前言

科學的起源

　　科學的研究啟始於人類對未知神祕的自然現象的探討，而最令人類感到神奇的現象莫過於日月星球的運行，宇宙的祕密至今仍是物理學想解決的問題。古人發現天文的現象很有規律和地面上隨機發生的事情很不一樣，而日月星辰的運行和人們的生活起居及政治經濟活動息息相關，因此基於好奇心（科學研究的第一個要素）及實際的需要（科技），人類很早就有系統的觀察天象，並將觀察到的天象用口傳、符號及文字的方式忠實的記錄下來（科學研究的第二個要素），再用推理去設計更有效更精確的觀測方法（包括數學的發展及儀器的發明，這是科學研究的第三個要素），然後將觀測的結果有系統的整理後用邏輯推理想出的假設和理論去解釋觀測的結果（包括宗教及哲學，這是科學研究的第四個要素），然後再設計新的觀測去驗證推想出的假設和理論並以此改進假設和理論（這是科學研究的第五個要素）。這些行為：觀察、儀器及實驗設計、結果的演算（數學）、推理及將複雜的結果整理成簡潔的理論，都是現代科學的基本精神及方法，因此古代天文學可以說是現代科學的濫觴。

　　十七世紀的科學革命就是從天文學開始的，而影響科學發展的牛頓力學也是建立在天文學的基礎上，並將之與地面上的現象結合，成為一個統一的思想及科學。物理學裡最重要的時空概念和天文學是密不可分

的，從牛頓力學及工業革命才引發熱力學及波動力學的概念，化學是從古代鍊金術演化而來，而鍊金術與占星術中間有密切的關係，因此要瞭解現代科學的發展，及這些科學帶來的現代文明，我們必須要從古代的天文學說起。另外，西方的天文書籍很少提到中國的天文學，而中文的天文書籍也都以敘述中國天文學為主，我寫這本書的一個目的就是希望可以同時比較東西方的天文學思想，並了解東西方天文學研究的差別，來探討為什麼兩個傑出的天文學研究體系，卻只有在西方開花結果，產生現代的科學與科技。

古代天文學研究還有一個很重要的問題，就是天象的變化時間可能很長（如歲差），一代的人並無法觀測到這些變化，因此這些非常繁複瑣碎的天文資料、天文知識、數學計算方法及理論如何長期有效及忠實的傳承就非常重要，我個人對這部分相當好奇，雖然文獻中很少有這些資料，我還是找出一些資料供讀者參考。

古人注意到天象有三個循環週期，第一個就是白天和晚上的循環週期（一天），我們都知道這是因為地球自轉的關係，第二個是月亮圓缺的循環週期（一個月），這是因為月亮繞著我們旋轉的關係，第三個是四季的循環週期（一年），這是因為地球繞著太陽轉的關係，這三個週期和我們日常生活及社會活動息息相關，因此研究這三個週期的變化規律及三者之間的關係是古代天文學的主要任務及研究範圍。要研究週期就必須要有時間及方位的概念，空間和時間一直是人類哲學及科學探討的主要問題之一（另外一個問題：什麼是物質？將會在另一本書裡討論），愛因斯坦的相對論就是在探討這個問題。

而長時間的天文觀測的複雜資料更需要用抽象的數字、文字及圖像長久保存及傳承，並且發展出演算數字的方法，去得到大自然的運作規律和法則，抽象的數字、文字、圖像以及數學演算，都是人類大腦新演化出來的功能，現在小孩必須到學校去學習這些功能，因此可以說天文

學是人類大腦演化的一個重要的推動力。

在地球上我們看到的時間變化是一直往前走的，從自然界的蒼海桑田變化到人的出生、變老、死亡都是如此，但天象給人類對時間的一個全新的概念——週期的時間循環，這兩個時間概念對物理學的發展非常重要，物理公式裡到處都可以看到 t（直線式的時間變化）及 π（圓周率，代表週期性的時間變化）。但遠古時代沒有時鐘，要研究四季這麼長的週期就很困難，但是聰明的古人就想出幾個巧妙的辦法來研究這三個週期，下面我們就要來討論古人如何解決這些問題。而從這些早期的科學研究，人類不但發現了許多有趣的天文現象，促進人們對大自然的理性瞭解，發展出數的概念及數學的演算方法，也因此豐富了人類的感性層面（宗教、哲學、神話、文學、音律），這些研究也發現了一些自然的規則，促進了科學及科技的發展。

但這三個循環週期的關係其實是非常複雜，因為三者都互相有關係，地球一面在自轉又同時繞著太陽轉，因日照而產生的日夜週期，就和地球自轉的週期有些時差，月亮的明暗（朔望）週期也會隨著地球繞著太陽轉而產生變化，而且三者的重力也會互相影響，因此古代天文學家雖然能夠找出一些規律，但也發現一些難以解釋的現象（例如循環週期的不規律性及行星的不規則運動），為了解決這些新的問題終於產生了十六、十七世紀的科學革命，再經過一連串的偉大發現（牛頓力學、熱力學、化學原理、電磁學、量子力學）才導致我們現代的科學及科技。因此要瞭解現代科學就必須從這個思想的源頭說起。

現在科學教科書都只注重事實的呈現及公式的制式演算，這種不注重觀念的教法實在很難讓學生瞭解科學的本質，沒有清楚的觀念作基礎就無法創新，沒有辦法讓科技向前邁進，希臘哲學家蘇格拉底就說：「教育是要點燃智慧之火，而不是塞滿大腦。」現在科學也多和人文分成兩個世界，互不往來，這實在很可惜，因為科學思想的原動力是來自心靈

深處的感性，這個感性就是來自一個人對事物的深切感受累積而成的，這是人文和科學的共同語言和基礎，只有透過這種摸索累積的感性，才會有偉大的人文或科學的創作，人文與科學的不同只是在這個感性創作後的發展，人文創作的發展是感性的散播、啟發和演化，而科學則是以理性的分析來完成這個創作，並產生應用的效果，因此科學並不是像一般人所想像都是理性、冷酷沒有情感的，愛因斯坦就說：「直覺是神聖的恩賜，而理性則是它的忠實僕人，我們造成的社會只尊崇這個僕人，但卻忘了這個恩賜。」只注重理性的訓練而沒有感性的培育，就無法有突破及創新，就好像電腦是程式最理性的忠實僕人，但沒有好的、有感性的程式來驅動，再好的電腦也沒有用。感性是科學的靈魂，而理性是科學的肉體，我們必須兼顧這兩方面的發展，才能讓人類文明繼續向前邁進。我寫這本書的目的就是希望從科學思想及其伴隨的人文歷史發展角度來討論現代科學的觀念是如何慢慢建立起來的。

我們都知道十七世紀以來量化精準科學的發展帶來現代舒適的物質文明，但一般人看到難懂的抽象符號及數學公式就退避三舍，甚至對科學產生厭惡及反感，這實在非常可惜，因為這些知識是人類思想的結晶，是現代文明的基礎，從你日常使用的東西到身體的運作都和科學有關，享受現代文明的每一個人都應該對這些知識有些基本的瞭解才對。我寫這個科學故事系列，就是希望透過用比較淺顯的語言讓大眾都能瞭解這個人類文明的結晶。這本古代天文學是作為第二個故事（歐洲科學革命及牛頓定律）的序曲，接下來就會討論第三個故事：波的概念，及第四個概念：物質。

天文學對我來說是外行，寫這本書實在是班門弄斧，我以前因為對歷史有興趣，因此也收集了一些古代中國天文及兩河流域的資料，這次再重新閱讀並加入新的資料及一些個人的看法，有疏漏不足的地方要請專家來信指正。不過本書主要的宗旨並不是要寫天文學，而只是想用古

人對天象的觀測如何建立科學研究的觀念及方法，並探討東西方科學發展的異同。

　　我在陽明大學擔任生命科學院院長時，也參加普通物理及普通化學的教學，當時覺得使用的美國教科書對觀念都很少說明，學生也對這兩門課不太感興趣，這實在很可惜，因此在院長職務卸任後就想寫一本兼談物理及化學原理和觀念的英文教科書，但只進行一部分工作便轉任副校長，後來在一個場合和何曼德院士談到這個構想時，他就特別鼓勵我用中文寫，而且應該以科普方式呈現，讓更多人能夠瞭解現代科技的源由，因此在這裡我必須特別感謝何曼德院士，讓我能夠進行這個工作，不過因為研究及行政工作忙碌，一直無法定下心來去完成這個工作，只有在副校長卸任時先寫一本用飲食作媒介的科普書：《廚房裡的秘密》，現在退休了，才能把以前收集的資料整裡出來，寫成科學故事。在這裡我也要感謝我的好友及同事胡承波教授及汪羽家、潘曉佩及花嘉玲審稿，並提出改進意見。

第 一 篇

日、月時鐘

Chapter 1 /

地球的小時鐘

光明與黑暗的週期

日夜交替是我們最直接感受到的自然時間週期，這個週期給人們的感覺就是光明與黑暗，這個感受對於在北極或南極圈的住民特別深刻，漫長黑暗的冬季讓人們盼望光明的到來。光明與黑暗的對立在許多西方古老的宗教都是代表善與惡的鬥爭，許多創世紀神話也是認為世界誕生時是從黑暗到光明，因此也代表生與死，這個二元對立價值的觀念就是西方哲學的基礎，相對的，在中國則從自然的日夜週期發展出陰陽的哲學，陰陽不是對立而是互補輪迴的概念，是一體的兩面，這是東西方哲學最不同的地方。在西方，互補的二元觀念要到波爾（Niels Bohr，1922 年諾貝爾物理獎得主）才開始用來解釋量子力學中一個物質同時有波及粒子的對立性質，波爾因此把中國的太極圖作為他的家族盾徽。

生物的日夜週期

事實上動植物甚至一些細菌的細胞裡也都有一個生理時鐘，讓生物可以適應日夜的週期變化，我們大腦視丘下部（hypothalamus）裡還有一個標準時鐘來校正身體其他部位的時鐘，這些生理時鐘都是不同分子

迴路作成的大小分子「齒輪」來運作。這個日夜生理時鐘對生物的運作影響至關重要，如果出了問題就會產生生理錯亂及疾病，生理時鐘在胚胎發育過程中也扮演很重要的角色。

地球自轉的週期

日夜週期是因為地球自轉的關係，地球自轉是在四十幾億年前地球形成時產生的，但我們怎麼知道日夜週期是因為地球自轉？事實上古代很少人去思考這個問題，太陽每天從東方升起在西方下落，很自然的讓人們認為太陽每天繞地球轉，然而古代天文學家認為太陽是繞著地球每年轉一次，但太陽怎麼會每天又每年繞地球一週？住在較高緯度的人，晚上看星星會注意到靠近北極星的星星會繞著北極星旋轉，古代天文學家認為這是因為星星繞著地球轉，但有一些早期的希臘哲學家例如菲勞洛斯（Philolaus, 470-385BC）則認為與其讓那麼多星星費功夫繞著地球轉，還不如讓地球自轉而星星不動簡單得多了，但在沒有證據下只是一個相對運動的哲學問題而已，並沒有繼續探討這個問題。

到了公元 499 年時才由印度天文學家阿耶波多（Aryabhata, 475-550）在他的著作 *Aryabhatiya*（他寫這個偉大的著作時只有 23 歲！）裡提出地球自轉的理論，他認為從地球上看到天上星星的轉動只是一個錯覺，應該是因為地球自轉的關係。他說地球在 4320000 年會自轉 1582237500 次（他也說在這個期間月亮繞地球 57753336 次），意思是說，當我們經過 4320000 個冬至的週期，會看到一個恆星在太陽落下後從地面升起 1582237500 次，用現代的回歸年天文數據，我們可以算出地球自轉的時間是 23 小時 56 分 4.1 秒，和現值只差 0.02 秒！4320000 年是印度教的一個週期，稱為 Maha Yuga，他的計算可能是根據精確的恆星年和回歸年日數差別的數據（可能來自巴比倫及希臘，

見第三章），他用這些大的整數主要是因為印度當時沒有用小數點的計算方法，為了避免使用小數點才把數據放大去計算恆星年和回歸年的日數差別。阿耶波多也認為行星的軌跡是橢圓形，比開普勒早了 1200 年。阿耶波多在代數及三角學都有重要的貢獻，三角函數 sine 及 cosine 就是他提出來的，他也算出 π ＝（（4+100）×8+62000）/20000 ＝ 3.1416，但沒有人知道他是怎麼算出來的，他也用這個 π 值算出地球的周長，和現值只差 70 英哩，誤差只有 0.28%！

到了第十世紀阿拉伯科學家比魯尼（Abu al-Rahan Muhammad ibn Ahmad al Biruni, 973-1048）也提出出地球自轉的假說，十五世紀時哥白尼才根據他的地動學說認為地球會自轉，哥白尼認為與其讓整個大的宇宙每天繞地球一週，還不如讓小地球每天自轉一次比較容易，但這些都只是假說，理論及實驗證明則要等到牛頓發現運動定律之後，在這裡先賣個關子，在講下一個科學故事時再作說明。

地球現在每 23 小時 56 分鐘 4.09 秒自轉一次，比日夜週期 24 小時少了 3.9 分鐘，如果你晚上在一定時間看北斗七星的斗柄方向，隔夜再看時就會發現比昨晚早了大約 4 分鐘，這是因為地球一面在自轉，一面又繞著太陽轉，所以看到的星象就位移了，如果從北極上空來看，地球是以反時針方向向東旋轉，在赤道旋轉的速度是每小時 1650 公里。但地球自轉的時間並不是完全不變的，冬天自轉的速度稍微慢一點，夏天則稍微快一點，這和地球質量的分布有關，就像我們看到溜冰選手在旋轉時把手臂縮回就會轉得比較快一樣。地球有液態的大氣及海洋、固態的地殼及液態的地心，這些不同成分的相對運動及能量交換會造成地球自轉時間的變化。大地震也會影響地球自轉，2011 年日本大地震就使地球自轉時間快了一百萬分之 1.8 秒。長江三峽水壩使 420 億噸的水集中在一個地方，出現這樣重的東西在地球表面就會增加地球旋轉的慣性，使地球的轉動慢了下來（慢了千分之 0.06 秒），這就好像把手收

起來快速旋轉的溜冰選手，突然把手臂從裡往外伸，讓旋轉變慢一樣，聖嬰現象（El Nino）也會使地球自轉變慢 0.0006 秒。

為什麼我們不感到地球在轉動？

如果地球在自轉，那麼在赤道地方的轉動速度大約是每秒 465 公尺，在臺灣的旋動速度是 465×cos25° = 421m/s，比音速（每秒 343 公尺）或噴射客機還要快很多，那我們為什麼不會感到在高速移動？這是因為地球是以平穩的等速度在旋轉，就好像我們坐在噴射客機裡並不會感到在快速運動一樣。你也許也要問：在這樣高速的旋轉運動，為什麼地上的物體不會被拋出地球外？這是因為地球轉動的離心力只有地心引力的 0.3%。

日夜越來越長！

另外，月亮重力對地球產生的摩擦力，也會使月球漸漸遠離地球。這些因素使地球自轉每一百年慢了千分之 1.4 秒，雖然變化很小，但長久下來就會產生很大的變化，例如若推算到六億年前，一天就只有 20.85 小時（一年 420 天），從地質的資料也可以算出 3.5 億年前每年有 385 天。美國 NASA 在加州帕薩迪納（Pasadena）的噴射推進實驗室（Jet Propulsion Laboratory）根據中國古代日食的記錄（公元前 1876 年 10 月 16 日、公元前 1302 年 6 月 5 日、公元前 899 年 4 月 21 日及公元前 532 年 11 月 13 日在日出時的日全食），來計算地球自轉的速度需要多快，才能讓古代中國人在日出或日落時看到這些日食，這樣算出當時地球自轉比現在分別快了 0.070、0.047、0.042 及 0.022 秒。

當地球的自轉持續變慢，就會產生很多地質及氣候的效應，這是因

為當轉動產生的離心力變小，重力產生的向心力就會慢慢大於離心力，造成地殼的變形。地殼和地心轉動慢下來的速度也不相同，這些都會產生地震及火山爆發，而且因為白天和夜晚的時間變長，使日夜溫差變大，造成洋流、季節風及氣候的變化，海水會往南北極方向流去，靠近赤道附近地區的空氣也會變得比較稀薄，這些都是將來生物要面對的問題。

閏秒

　　將一天人為分成 24 小時最早是由古埃及人制定的，三千多年前他們用一種 T 字形的日晷將白天分成 12 個時段，晚上則用 12 個亮星在不同時間出現將夜晚分成 12 段，一天就分成 24 時段，後來為了方便及準確性才改用水鐘來計時（在 Ammon 神廟發現的水鐘已有 3400 年歷史），但因為在不同季節白天和晚上時間長短不一，對於天文觀測及記錄很不方便，因此希臘天文學家伊巴谷（Hipparchus of Nicaea, 190-120BC，中國西漢時期）在公元前 127 年時就將一天等分為 24 小時，到了十六世紀鐘擺時鐘發明後才把一個小時用巴比倫的 60 進位系統分成 60 分鐘，後來 1772 年富蘭克林（Benjamin Franklin）在作電磁實驗時，因為需要比分鐘還要短的時間去作測量，就再把一分鐘進一步細分為 60 秒，這就是我們現在使用的計時方式。現在一秒是用「銫 -133」原子中電子能量位階差別的 9,192,631,770 振動週期來訂定，這種非常精確的鐘稱為原子鐘，利用原子鐘就可以非常準確的定出地球自轉的時間，現在最準確的鏡（Ytterbium，原子序 70）原子鐘每 508 億年才會差 1 秒（那時候地球已不在了），天文學家也用在地球不同地方測量類星體（quasar）放出來的電磁波的時差來量測地球自轉的時間及速度，類星體是一種距離地球非常遙遠的巨大星系，因為距離我們非常遠（幾

十到一百多億光年），可以看作完全不動的發光體（平均光度是太陽的幾兆倍，因此我們才可以偵測到這樣遠的星系），因此就可以用來作為定時的標準。

為了配合天文時間，有時候就必須插入「閏秒」來校正因為地球轉速變慢的時差，從 1972 年到 2015 年已經加了 26 個閏秒，2015 年 6 月 30 日午夜就加了一個閏秒，但加了閏秒後，在第 60 秒時並不會變成下一分鐘，對於電腦而言這會產生一個錯誤的信息，可能會使電腦停止運作，一些大的資訊公司都要想辦法去解決這個頭痛的問題。

Chapter 2

月亮時鐘：月亮盈虧週期

月亮：流動的永恆

又大又亮的月亮是最容易用眼睛直接觀察的天象，古人很早就知道月光是來自太陽，而月光的盈虧是由於月亮相對於太陽位置所造成的，古代希臘哲學家阿那克薩哥拉（Anaxagoras, 510-428BC）就認為月亮只是一個大石塊，而月光是太陽照射的反光，東漢張衡在《靈憲》裡也說：「日猶火，月猶水，火則外光，水則含景，故月光生於日所照，魄生於日所蔽，當日則光盈，就日則明盡。」 行星的亮光也是由於陽光反射的結果，在清晨時，剛升起的弦月在月亮暗的部分仍會有些亮光，這是由於地球反射陽光到月亮的緣故，達文西大概是第一個提出這個想法的人。

月亮會隨時間產生月相盈虧的變化，讓古代人類開始產生了時間的觀念，月光在月球上面積的變化就成為量化時間的計算方法，這樣就把空間和時間的概念連貫起來，我們現在用的鐘錶也是如此，這個觀念的建立是人類科學發展的一個重要的里程碑，時間和空間的關係是物理學重要的問題，愛因斯坦的相對論就是探討這個問題。

而月亮從盈到虧，再到盈的重覆變化，讓人們產生了兩種時間的觀念，一種是直接用眼睛看到盈虧的變化，把時間的變動用視覺感官得到

的信息來顯示，這是直線流動式的時間變化，讓人類產生過去、現在及未來的時間觀念，過去的月相消失了，現在看到的只是瞬間，而新的月相會一直出現。另一種時間觀念則是一個不是直接用眼睛看到，而是用想像把不能用直接看到的盈虧整體變化過程，轉成抽象、周而復始「週期」性的永恆時間觀念，從這裡月亮給我們一個又會變化又是永恆的概念，把過去、現在及未來的流動變化用永恆輪迴的概念聯繫起來（三位一體），所以哲學家柏拉圖就提出時間是「統一永恆的流動形象」的概念。

時間的永恆及流動是自古以來許多哲學家和物理學家深思的問題，不同的是，物理學家把時間看成連續的量化變數，他們認為這個流動形象和統一永恆的關係是可以用數學描述的，而哲學家及歷史學家則把時間看成段落的記憶及結構，但他們都是想從流動變化的狀態中找出永恆的原理，伽利略在探討落體運動時就找出一個能夠描述在不同時間點落體速度狀態的原理，這個運動原理就是牛頓力學的基礎。

滿月的形狀也給古代人「圓」的概念，人類為了畫出圓而發明了圓規及圓心和半徑的數學概念，「圓」這個觀念的建立是人類文明重要的里程碑，在數學、藝術、建築、哲學、科技各方面都有很大的影響，例如紡輪及車輪就是人類非常重要的發明，圓周運動更是物理學非常重要的基礎，牛頓力學和電磁學都是建立在圓周運動的觀念上，而圓所產生的周而復始及生生不息輪迴的時間觀念更是哲學和宗教深思的問題。

直線式及輪迴式的時間觀念對於科學的發展非常重要，這兩種概念就是物理波動學的基本原理，波動就是移動的週期性運動，直線性的時間就是狀態的瞬間連續變化（Becoming），而輪迴式的時間就代表不變的本質（Being），這是自古希臘以來物理學研究的兩個主題，物理追求的就是可以解釋流動變化的統一永恆原理，因此宇宙的本質和變化是一體的兩面。這個時間觀念也是生命「生—老—死」（直線式，短暫的肉體生命）及「輪迴」（週期式，經精卵的結合重覆延續的生命）的

兩種時間觀念，希臘文裡的 Zoe（zoology 的字源）就是週期式永恆生命的概念，而 Bios（biology 的字源）就是直線式階段性生命的概念，月光的盈虧變化（bios）和再生輪迴（zoe）就是代表這兩個概念。古代的女神就是代表生生不息永恆的 zoe，世人則代表短暫生命的 bios。

月亮對現代物理的啟發

另外，從月亮的循環，古人也推想月亮是繞著地球作圓周運動，因為我們無法實際看到月球是繞著地球轉，因此這是完全純粹依靠想像，經過推理得到的理論模型及假設，希臘哲學家就推想月球是以完美的圓形作運動，並用數學模型來研究這個運動，這種純粹靠想像及推理分析提出假設及數學模型分析的方式，正是科學發展的基礎，丹麥物理學家波爾（Niels Bohr, 1885-1962，1922 年諾貝爾物理獎得主）在 1913 年提出的原子模型就是借用這個天文學概念。我們現代科技所依賴的基礎：電子、電磁波及分子，也都不是靠我們的感官直接感受得到的，而是要依靠想像及推理產生的，這是科學發展的原動力，愛因斯坦就說：「想像比知識還重要。」

這個單憑想像的圓周運動概念，對後來十七世紀歐洲的運動學思想有很大的啟發，牛頓就是因為思考為什麼月亮可以在空中一直繞著地球作圓周運動而不會掉到地球，而發現力學定律及萬有引力定律（請見科學的故事第 2 集），古代天文學也是建立在行星的圓周運動及天球轉動恆星的理論上。

月亮因為受到太陽和地球重力的影響，運行軌跡相當複雜，從古代巴比倫、希臘、中國及阿拉伯天文學家到包括牛頓的許多物理學家都想找出月亮運行軌跡的規律，牛頓在 1702 年就寫了一篇〈月球運動理論〉的文章，但並不能完全解決月球的運動問題，現在則是用電腦、衛星及

雷射技術來研究，美國太空人在幾次登陸月球時就放了三個反射雷射光的鏡子，用雷射反光的方法可以非常精確的量測月球到地球距離的變化（誤差僅僅 3 公分！），這個非常精準的數據可以用來驗證各種月球運行的理論及愛因斯坦的相對論，因此月亮運行理論可以說是被研究最長久（至少二千三百年）的物理問題。

月球的誕生

為什麼地球會有一個繞著它周轉的月亮，一些科學家認為可能在太陽系剛形成不久，地球遭到一個大約和火星一樣大的行星劇烈撞擊，撞擊後產生的碎片聚集而成為現在的月球，最近根據美國對 Apollo 12、15 及 17 在月球取得的月球材料的分析，發現月球地質的氧及鎢的同位素比例和地球相同，而月球高鹽的岩石成分也和地球海底的岩石相同（發表於 2016 年 1 月的 *Science* 期刊），這些證據符合撞擊產生月球的理論。因為在希臘神話裡，Theia 是月亮的母親，因此天文學家就用這個名字來命名這個撞擊地球的假設行星，這樣地球就成為月亮的父親了，而這個月亮女兒其實很會照顧這個老爸，因為根據最近法國科學家的研究，地球的磁場是來自月球重力對地心鐵熔漿運動的影響，如果沒有這個磁場保護，地球上的生命就會被太陽發出的高速度粒子（太陽風）殺死了。

月亮週期的觀測

月亮的盈虧週期是最直接、最容易計算時間的方法，遠古的時候人們還沒有數字及文字的概念，因此月亮的盈虧週期就用記號刻在骨頭或石頭上，三萬多年前歐洲奧里尼雅克期（Aurignacian）舊石器文

化就有這樣的「月曆」，四萬多年前非洲一個有 29 個刻度在萊邦博山（Lebombo）發現的獸骨大概就是用來記錄月亮的盈虧週期，澳洲土著從遠古到現代也還都是用樹皮來記錄月亮的盈虧週期。古代埃及月神托特（Thoth）是主管時間的神，同時也是文字及天文曆法的發明者，也發明量測用的數學，就是因為必須記錄月亮的天象及位置來記時，英文字 measure（量測，源自 mensuration 這個字）的古印歐語字源 me 就是月亮，month（一個月的時間）也是同一個字源，算天數也是用幾個晚上去算，一直到巴比倫時代還是如此，而蘇美人的月神 Enzu 及巴比倫的月神 Sin 也都是知識之神，就顯示計算月亮週期對古代人類知識及文明啟發的重要角色，也建立了人類對「時間」的觀念，而「時間」就是一個活動的記憶。在古代朔望是特別的日子，因此很多節日都是用新月（例如中國春節、猶太教的 Rosh Chodesh、回教的齋戒月）或滿月（例如巴比倫的 Akitu 節日、猶太教的逾越節、佛誕節、復活節、元宵節、中秋）作為標記，古代王權更迭時都要正朔，在臺灣每逢農曆初一、十五也都要祭拜（源自古代朔望祭祀），可見月亮週期對人類文明的影響。

在巴爾幹地區的牧羊人到二十世紀時仍然使用一種用木棒作的「月曆」（ustap），木棒上每天有一個刻痕，滿月及特別節日時再特別作一個記號，每過一天就切掉一個刻痕來記時，用類似這種方法經過長時間的記錄，就發現月的盈缺週期有時候是 29 天，有時候是 30 天，平均大概是 29.5 天，但事實上月亮繞地球運行的週期是 27.322 天（稱為恆星月），這兩個週期的差別是因為地球也是在繞著太陽轉，而月球和地球兩個運行的方向相同，因此當月球繞地球一週時，受到的陽光照射角度和原來位置的角度不同，必須再多繞兩天才會有相同的盈虧，因此月亮每天從地面升起的時間，都會比前一夜大約晚了 50.5 分鐘，所以月亮每天的週期是 24.84 小時，因為滿月時地球在太陽和月亮中間，所

以滿月從地平面上升時，就是太陽落入地平面的時候，到了午夜升到最高，而新月在地球和太陽中間，因此新月會和太陽一起升落。如果知道恆星月的週期就可以算出朔望月的週期（如果恆星月的週期為 Tsi，那麼朔望月的週期 Tsy 就可以用 Tsy = TsiTy/（Ty–Tsi）公式來計算，其中 Ty 是地球運行的週期，所以 Tsy = 365.2422×27.3217/（365.2422–27.3217）= 29.5307）。

27.32 是一個有趣的數字，月球的半徑除以地球的半徑等於 0.2732，而 $0.2732\pi = 4-\pi$，意思就是說，一個邊長為 1 的正方形的周長，減去一個直徑為 1 的圓的周長，就等於圓周率的 27.32%，而 1/366= 0.002732，366 是閏年的日數。而冰點的絕對溫度是 273.15°K。

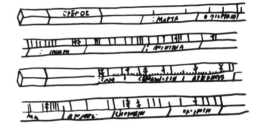

→巴爾幹牧羊人的木棒「月曆」
　ustap（示意圖）

如何數月亮的週期

月的盈虧是一個連續性的變化，週期的前兩三天因為月亮在太陽和地球中間，沒有月光，我們無法看到月亮，而滿月時有好幾晚看起來都是像滿月，那麼古代人是如何計算月的盈虧週期？因為每天月亮從地面上出現的時間不同，在春分後月中的一天，滿月在東邊出現時會剛好是太陽在西邊剛落下的時候，這時紅色的夕陽照到又大又圓的滿月，讓滿月顯得特別美麗，這時候地球就在太陽和月亮中間，所以剛離開夕陽就會看到上升的月亮，古人大概就是用這一天當作滿月（望）來計算月的週期，古代巴比倫就用這一天作為新年（Akitu），後來猶太教的

逾越節（Passover）及基督教的復活節（Easter，字源是巴比倫的女神 Ishtar）也是來自幾千年前的傳統。到了月光剛好不見了就是月初的第一天（朔），在古代朔都是要用推算決定的。

太陰曆

　　月球的盈虧很容易用眼睛觀察，因此最早都是用月亮來定時間，這種以月亮週期為曆法的就是最古老的太陰曆。接近赤道地區由於四季不明顯，而且可以長期在夜晚連續觀察月亮的盈虧週期，因此埃及、巴比倫及印度等古文明早先都是用這種古老的曆法，在羅馬陰曆月的第一天——新月，稱為 kalend，就是 calendar 的字源。但因為一個月只有 29.5 天，12 個月和太陽週期差了大約 11 天，就會和季節脫節，對於以農業為主的社會就會產生很大的問題，因此在人類開始進入農業時代後，就必須想辦法在適當時候插入閏月來處理日月兩個時鐘的時差，這對古代曆法家很頭痛的問題（請見第四章），後來都改成為陰陽曆，或乾脆用陽曆，但對於以游牧為生的民族這個時差並不太重要，因此太陰曆現在只有阿拉伯國家還在使用。易經有 384 爻（6×64），因此易經64 卦就可以用來作為陰曆使用，每一爻代表一天，經過 6 個循環就是陰曆一年 13 個月的天數。

　　在非洲肯亞地區的博拉那（Borana Oromo）游牧民族也曾發明一個古老而實用的「恆星月太陰曆」，他們定一年 12 個月，每月 29 或30 天，他們用巨石標定新月和六個「偕月出」（中國古代稱為昏見）的恆星作為第 1 到第 6 個月，第 7 到第 12 個月則用標記第一個月的恆星出現時的不同月相作為指標。依據歲差的推算，這個陰曆大概是在公元前 300 年制定的。

月亮的四個週期

古人對月亮的觀察並不只是月的圓缺變化而已,古代兩河流域文明因為崇拜月神,他們對月亮的觀測非常仔細,他們不但詳細記錄月亮的盈虧、大小、經度、緯度和月食的形狀(但現在沒有人知道他們用什麼觀測方法去得到這些相當準確的數據),並且記錄月亮在天空中的移動速度的變化及計算這個變化的數學方法(中國要到東漢劉洪才解決月亮不等速的問題),從這些詳細的觀察他們發現這些參數有不同的變化週期,月亮落點位置也會逐日變化,而且這個變化週期和圓缺變化週期並不相同,這是因為月球運行的軌跡受到太陽及地球重力的影響,變得相當複雜。

因為他們對於月食的詳細及長久觀察,知道經過 6585.32 天(18 年11 天 8 小時),會有相同的日、月食,而且月亮會出現同一個盈虧、經度、緯度、大小及運行速度,這個時段稱為一個沙羅(Saros)週期,這是太陽、月亮及地球回到大約同一相對位置的週期,因此只要知道月亮經過幾個參數的週期,就可以算出那個週期的平均天數,例如在西元前五世紀的希臘天文學家恩諾皮德斯(Oenopides of Chios)已算出朔望月的週期值是 29.53013 天,公元前 383 年的著名迦勒底天文學家奇第努(Kidinnu,公元前四世紀,這時巴比倫已變成波斯帝國的一部分)利用巴比倫幾百年的觀測資料計算出朔望月(或陰曆月,synodic month)盈虧的平均週期為 29.530582 天(在沙羅這個大週期包含 223 個朔望月,6585.32/223 = 29.530582),和現在已知的值(29.530589 天,29 天 12 小時 44 分 03 秒,5000 年之間的平均值)只差 0.6 秒!古代巴比倫的記錄也從月食的觀測得到 126007.04 天等於 4267 個朔望月,這樣算出來的朔望月是 29.530592 天,西漢《太初曆》的值是 29.530851(29+499/940),與現值差了 24 秒,這是從 19 年有 235 個閏月算出來的(365.25×19/235),到了三國曹魏時期,天文學家楊偉(《景初曆》

的作者）得到 29.530598，和現值只差 0.8 秒！東晉的祖沖之後來才得到非常精確 29.5305915 的值。古代馬雅人也用他們的曆法算出朔望月等於 29.53086 天，他們是用 405 個朔望月等於 46 個 260 天的週期算出來的，260 天週期是日、月、金星、火星及天王星週期的公約數。不過因為月亮對地球海水的作用力消耗了月亮的動能，因此朔望月的平均值每一百年會減少 3.6×10^{-7} 天，朔望月週期的變化主要是因為月球的運行軌跡是橢圓形，而且和赤道交角會有週期性的變化。

　　同樣的，在沙羅週期有 241 個恆星月（sidereal l month，月亮回到同一個恆星經度的週期，這個週期才是月球繞地球的週期，但和 223 個朔望月差了將近一天），因此就可算出一個恆星月的平均週期為 27.321667 天，在戰國時期的《周髀算經》的值為 27.32189 天（「月日行 13 又 7/19 度」，古代中國一個周天是 365.25 度），隋朝劉焯得到的值是 27.321675，和現值 27.321661 天僅差 1.2 秒。不過因為摩擦力的關係，月亮現在以每年 3.8 公分的速度離開地球，所以這個週期也會逐漸變長。

　　在同一時間月亮通過與黃道平面的同一個交點共 242 次，所以這個週期（稱為交點月，Draconic Month）為 27.2121 天，和現值 27.2122152 天差了 10 秒，所謂的交點月週期就是同一個殘月月相在太陽剛要升起時落入地平面的週期，或同一個滿月相在黃昏時從地平面出現的週期。巴比倫五百多年的觀測記錄還說 5458 個朔望月天數等於 5923 個交點月天數，這樣算出來的交點月為 27.212215 天，和現值相同，漢朝劉向算出的值為 27.212210，與現值僅差 0.45 秒，南北朝祖沖之得到的值為 27.2122304 天（717777/26377，這是用連分數逼近的值）。交點月週期就是月球在天空緯度的變化週期。希臘天文學家伊巴谷（Hipparchus）用他自己在公元前 141 年 1 月 27 日看到的月食和巴比倫天文學家在公元前 583 年 10 月 16 日的月食比較，算出 5458 個朔望

月（443.5年）＝5923個交點月，這樣算出來的交點月值就完全符合現值。

因為月亮軌跡是橢圓形，因此會在一個時間點會離地球最近或最遠，這個最近或最遠的週期在沙羅週期中共出現239次，所以這個平均週期（近點月，anomalistic month，這是月亮運行速度從最快回到最快的週期）的值是27.5545370日，都很接近現值（現值為27.55455天），東漢天文學家劉洪也是用月亮的移動速度變化（最接近地球時速度最快）算出近點月的週期為27.55476日，和現值相差18秒。但這些月亮的週期會因為和地球潮汐的作用產生的能量損耗，及地球自轉的變慢而變長。

近點月是月球運行到最靠近地球的時候，月球的軌跡是橢圓形，因此在某一個時間會最靠近地球，月亮看起來比較大，古代天文學家必須要有非常好的眼力、耐性及很好的測量月球大小的方法（現在可以用照相機記錄），或計算月球運行速度變化的方法，因為月球的最近點距離（363396公里）和最遠點距離（405504公里）只差42108公里，而從地球看到的滿月的大小只差14%！這種講求精準觀察和詳實記錄正是科學的基本精神，也是現代科學的開端。

2014年中秋節滿月就是月亮最靠近地球的時候（前二次滿月在7月12日及8月10日），因此看起來比較大也比較亮，稱為「超級月亮」（supermoon），那時我剛好在南加州就注意到這個特別的景像，2015年9月27日的超級月亮也同時產生全月食。秋分出現的滿月在西方稱為秋收月（harvest moon），這是因為在古代農人可以利用中秋時早一點升起的明亮月光來趕著收割。

上面提到的週期只是一個長時間的平均值，會影響週期變化的一個主要原因是月球的軌道是橢圓形，而橢圓的程度也會受到太陽的影響而產生週期性的變化。如果新月在離地球最遠的地方（apogee，月球運行的速度最慢），那一個月的朔望週期就會比較長，相反的，如果新月

在離地球最近的地方（perigee，月球運行的速度最快），那一個月的朔望週期就會比較短。巴比倫天文學家很早就知道月球運行不等速的問題，他們開始時用兩種速度來預測月球的運行，後來天文學家奇第努則假設月球運行速度會隨時間而變，在公元前 314 年更進一步發明線性內插數學方法來得到更精確的預測，中國北魏的天文學家張子信隱居在海島 30 年觀測天象後，也發現日、月及行星運行不等速的現象，隋朝劉焯（《皇極曆》的著者）根據這個發現採用等距二次內差法來改進曆法。天體不等速運動的發現在古代天文學是一個重要的里程碑，這個速度會隨時間而變的想法就是十六世紀運動學（kinematics）的前身，西方天文學家因為無法用圓周等速運動的理論來解釋這個現象，才產生了開普勒定律及後來的牛頓定律。

「荷魯斯之眼」的月亮週期

在古代許多民族都是用十進位（十根手指）去數日子，因為數日子不可能數有 0.5 這樣的天數，為了方便起見，古代埃及陽曆就把一個月人為定成 30 天，但他們知道這個週期和朔望月的週期有些誤差，因此他們用一個和月亮有關的神話及數學來描述這個誤差。這個神話説荷魯斯（Horus）和他的叔父賽斯（Seth）爭奪王位，在爭奪中賽斯將荷魯斯的左眼挖出（代表每一個月月亮在空中消失）分成六份，而由托特（Thoth）帶著 14 個神將荷魯斯的眼睛修復（14+1 就是第 15 天滿月，稱為 Wadjet，這個符號常會放在棺中）。

埃及用一個符號來代表這個眼睛（見右上圖），眼睛的不同部位相當於古埃及文字的不同分數（古代埃及常用分數，這些分數是用來計算糧食的等分），這些分數是一個 2^n 的級數，如果將這些分數加起來可以得到 63/64，比 1 少了 1/64，把 63/64 乘以 30（埃及曆法一個月的

天數）可以得到 29.53125，這個數字和現在朔望月的天數 29.530589 只差 57 秒，因此古代埃及已經很確切知道朔望月的週期（事實上埃及 3200 年前《開羅曆》已經算出朔望月是 29.6 天），雖然沒有巴比倫的數據那麼精確，但難能可貴

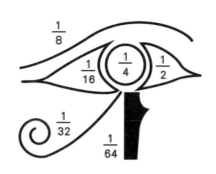

的是他們可以用數學及神話表達出來。托特修復荷魯斯的眼睛就是補回 1/64，得回他們陽曆的 30 天，就是「圓滿」（Wadjet）了，但到了月滿後又會開始變暗，開始另一個變化的週期，所以 63/64 就是將要圓滿，但又要開始變化了，《易經》的第 63 卦（既濟。亨，小利貞，初吉終亂）也有異曲同工之妙。

　　為什麼分母要用 64 ？因為埃及人知道 64 個朔望月的天數幾乎等於 63 個陽曆月（30 天）的天數（誤差 0.08 天）。另外埃及人也用這個數字來得到圓周率，根據他們數學書（*Rhind Papyrus*，公元前 1650 年的著作）中的第 50 命題：一個直徑是 9 單位圓的面積是多少？將這個圓放在一個邊長為 9 的正方形裡，將正方形每一個邊長分成 9 個單位，聯接起來得到 81 個小方格，數在圓外面大約有多少小方格，再用 81 減去這些小方格，答案大約是 $(9-1)^2 = 64$，這是用八角形（9-1）近似圓的幾何方法得到的值（實際值為 63.62），用這個方法可以相當準確得到圓周率等於 $4 \times 64/81 = 3.1605$，比古代巴比倫及中國的值（3）準確多了，所以邊長為 8 的正方形的面積很近似直徑為 9 的圓，這是古代數學問題「squaring the

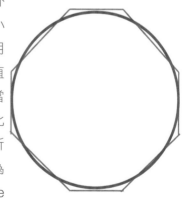

circle」的近似答案。古埃及有四對（8）男女神稱為 Ogdoad，這是埃及創世的神話，圖形聯起來就是一個八角形或八角星形，中國圓代表天，方代表地，圓在方內就是天地相交，方與圓的交點和方的四個角代表八個方位及八個季節，很多古代文明都有這個符號，在中國就是八卦。

月的四等分：「星」期的由來

古代中國和巴比倫都將一個月分成四段時間，根據王國維的說法，在中國周朝時分別稱為初吉、生霸、既望及死霸四個象限點，霸就是指月光（《說文》：「霸，月始生魄然也。」）在一些西周青銅器上的銘文就有用這些名詞來標記時間，一年就有 48（12×4）個象限點，而陽曆與陰曆之差為 10.8 天，相當於多了一個象限點，在良渚文化匯觀山祭壇 4 號墓裡就發現有 48 個石鉞及一個玉鉞，玉鉞大概就是用來協調陰、陽曆。

一個星期 7 天是古代兩河流域蘇美人拉格什第二王朝（Lagash）著名的國王古地雅（Gudea, 2144-2124BC）開始的，他建立一個有 7 個房間的神廟，並舉辦 7 天的慶典，後來就成為每一個月分成四個時段，每一段 7 天，但最後一段天數則配合月的朔望週期，每一段的第 7 天是休息日，後來被俘虜在巴比倫的猶太人接受這個傳統，羅馬在皇帝康士坦丁時接受基督教後，就根據這個傳統在公元 321 年正式訂定一個星期七天的制度，這就是現在一個星期 7 天的由來。蘇美人本來用 7 個行星神名來稱呼這 7 天，後來在歐洲改用他們的神名，就是現在一星期 7 天名字的由來，例如 Thursday 是源自德語 Thor（木星），這就是為什麼現在 7 天的時段稱為一個「星」期，這個「星」是古代迦勒底人（Chaldean）的七個行星（日、月及金木水火土五個行星）而不是恆

星，星期的制度在唐朝時隨佛教傳入中國時，就用日月五星來稱呼，日本現在就還在用這個名詞，例如星期四就稱為木曜日，星期在古代中國是指七夕，民國以後才把西方的 week 稱為星期，不過現在這七個行星的排列順序因為宗教的關係已經和迦勒底人原來的順序不一樣了。英文的 week 這個字則來自北歐語，是輪流的意思，就是七個代表行星的神輪值。

　　古代蘇美人及後來的巴比倫也認為 7 是一個神聖的數字，這大概也是從北斗七星得到的概念，而且 1/7 是無法用他們 60 進位數學系統表示的，因此蘇美人很早就訂出每隔六天（第七天）為休息日，猶太人將 7 念成 seba，因此後來就便成安息日（Sabbath）的名稱，在聖經裡（Leviticus 25）上帝特別設定六年耕作，第七年休息，大學教授或一些公司職員可以在工作六年後休假一年去進修，就稱為 sabbatical leave。蘇美人的洪水神話說大洪水的時間是七天七夜（記錄在四千多年前的泥板），現在認為舊約聖經中大洪水的描述及創世神話就是來自蘇美人，聖經中的諾亞在蘇美人的故事是一個名為茲烏蘇達拉（Ziusudra，相當於聖經中的 Noah）的英雄。

　　「7」這個數字在其他古代文明是一個神祕及神聖的數字，埃及發明文字的女神塞莎特（Seshat）的符號就是一個 7 瓣葉子，世界的主要宗教裡就有很多和 7 有關的事物，如猶太教、印度教、佛教、伊斯蘭教都有七重天的觀念，這個七重天的概念是來自迦勒底（Chaldean）天文學對於日、月、五個行星的看法，依照這七個星球的運行週期長短可以排成：月（29.5 天）、水星（88 天）、金星（224.7 天）、日（365.25 天）、火星（687.1 天）、木星（12 年）、土星（29.5 年）七重天，他們七層的祭壇就是照這個順序排列的。迦勒底人這個七重天的概念後來就成為占星術及鍊金術的符號，這個概念大約在戰國、漢朝時經由中亞的希臘人傳入中國，在《淮南子 · 天文訓》裡就有按照這個順序排列的日、月

及行星敘述，不過另外加了恆星及左旋天（太歲）成為九重天，著名的義大利詩人但丁（Dante）也有類似的九重天，只是第九重天換成特殊運行（Premium Mobile）。迦勒底人是古代巴比倫世襲的史官及祭師，掌管天文觀測及占星術，是西方的天文學及占星術的創始者。7 也是古代基本的天文思想，北斗七星及七個星體，昴宿也是七個亮星的概念。

在古埃及要打開金字塔的門要在祭禮的第七天，這個名稱是 Sefe-kh（5 加 2 的意思，一些非洲語都是用 5+2 來表示 7，來自原始的指算），也當作數字 7 的稱呼，猶太人則錯寫成 sefe-n，就是現在英文字 seven 的字源。

7 有一個有趣的數學特性，$1/7=0.142857142857……$，$2/7 = 0.285714285714……$，$3/7 = 0.4285714285714……$，不管用什麼有理數（除了 7 的倍數之外）除以 7 都會出現 142857（少了 3、6 及 9）這六個數字的循環重覆，所以到了第七次（0.142857×7）就又回到 1（安息日！）而 $0.142+0.857=0.999$，古代埃及就是用 22/7 來作為圓周率的近似值（誤差一萬分之四），金字塔的設計就是用這個比值，例如金字塔邊角是 51.5 度，就幾乎是 360 度的七分之一。

月亮與季節

月亮盈虧的週期很短，只有每月重覆一次，無法預測一年中比較長週期的季節變化。古人有三種方法來分辨不同季節的月分，比較原始的方法是用物候來命名不同時候的月分，例如開花月、下雪月等等。第二種方法是用滿月和恆星相對位置來定季節，在巴比倫、印度及北非博拉那（Borana）游牧民族就是用這種方法，這也是古代印度月宿的起源，他們用滿月在某一個星象出現時作為新年，古代巴比倫稱在公羊座的月分是 Nisannu（第一個果實），是他們新年的第一個月（但是在春分的

時候），亞述、猶太及阿拉伯人都繼承這個傳統，在這個月有很多節日。中國古代則用北斗指的方向來定一年中的月分（稱為月建）。

　　第三種方法是用月亮在地平面升起或下落的位置來訂定季節，古人在觀看月亮時就注意到每次滿月從地平面升起或降落的地點都不太一樣，升到天空的高度也不太一樣（這是因為月亮軌跡平面和地球繞太陽軌跡平面有一個 5 度的交角），而且古人看到這個變異似乎和季節有關，在北半球緯度較高的地方如歐洲或中國北方因為四季較為分明，這個現象就特別明顯，經過長期觀察，古人發現滿月在冬天時會在東北方向升起，在西北方向降落，而夏天時則在東南方向升起，而在西南方向降落，在春天及秋天時則在東方升起，在西方向降落，冬至時滿月在天空升得最高（在對面的太陽則在最低點），起落地點的距離及視角也最大，夏至則相反，因透過這些觀察月出及月落的方向及距離及視角大小就可以預測季節的變化，《山海經》裡描述七對不同月出、月落的位置大概就是用來定月分及季節，從這些觀測，古代的史官才定出一年有 12 個月。

　　月亮的升降及在天空高度的變化是因為地軸傾斜的關係，在北半球的冬天，北極偏離太陽，在較高緯度地方被太陽照到的區域就比較小，所以白天較短，黑夜時間較長，因此月亮出現在空中的時間較長，月亮出現及降落的地方自然看起來比夏天時更遠，也升得更高，到了冬至白天最短，月亮最早升起，最晚降落，因此升降位置的距離或視角也最大，而且因為北極偏離太陽，在北半球晚上看到的月亮就偏向北方，在冬至時就偏向最北，到了夏天就剛好相反，月亮升降地點的視角較小，在天空高度較低而且偏向南方。

　　因為一年分成 12 個月，所以這樣看到月亮從升起到下落就會有 12 條不同的行跡，但因為春、秋兩季各三個月看到的行跡基本上相同（四月和八月相同等等），所以就只有 9（=12 － 3）條不同的月行跡，在《漢書、天文志》裡就說：「日有中道，月有九行。」還用不同顏色來

區分，就是用月亮在天空中的行跡（升降點及最高點的位置）來作月分的指標。在古代巴比倫及印度，月行跡就用月亮經過的星象作為指標。

因此為了用月亮去預測季節的變化，古人就用固定的物體去標定月出及月落的方向，在緯度較高的蘇格蘭有一些巨石陣就是用來標定不同月分月出及月落的方向，但經過長時間的觀測，古人也發現在冬夏至時月升降的地點每年都會不同，在某一年冬至時滿月會出現在最遠的地方（視角最大），而且升到天空的高度也最高，在這個時候連續一段時間滿月升降的地點都不太變動（這個現象英文稱為 Major Lunar Standstill，大月球停變期），而這個現象每 18.599525 年會重覆一次，許多民族都看到這個特別的月亮天象的週期，在這段時期月亮總是在同一個地點升起或降落，好像會靜止不再變動，所以稱為 standstill，在北極的冬天這個時候就會看到連續一個星期月亮高度升到靠近北極星，而且一直繞著北極星轉不會落入地面下。

在美國科羅拉多州的柱狀岩國家景觀公園（Chmney Rock National Monument）有一對自然岩石，在大月球停變期的冬至時月亮就會在兩個岩石中間升起，在那裡的印第安人就在公元 1076 年當這個天象出現時，建了一個很大的神廟來祭拜，在美國俄亥俄州（State of Ohio）有一個巨大的八角及圓形土堆建築（Newark Earthwork Mound，美國國家歷史地標）就是古代和霍普衛族印第安人（Hopewell）用來觀測這個 18.6 年的月亮週期（八角形的每一面就是 18.6 年中的一個定位），在 2015 年 11 月 27 及 28 日，這個結構就會對準小月球停變期（minimum standstill）的現象，這個結構中線和正北的交角是 51.8 度，這個角度稱為「神聖比例」，埃及金字塔也是這個角度（見第二篇）。埃及 Seti I 神廟和在英國的一些巨石陣也都是用來標記這個特殊的天象，在紐西蘭的毛利原住民也有一個十字形的大房子（Miringa Te Kakara Meeting House），其中兩個窗戶就是對準這個天象時月亮升降的方位。

這個 18.6 年的週期是由於月球的運行受到太陽重力的影響，使月球運行的軌道產生轉動（apsidal precession），造成月球軌跡和赤道的交角產生變化，當地軸傾斜和月亮軌跡的傾斜方向相反時，月球軌跡和赤道的交角會變成最大（28.6=23.5+5.1），就是所謂的大月球停變期（Major standstill），這個週期是 18.6 年，漢朝天文學家劉向曾經算出這個週期為 18.4239 年，已很接近現值了。在這個週期的一半（9.3 年），月球軌跡和赤道的交角會變成最小（18.4=23.5-5.1），就稱為小月球停變期（Minor standstill），2006 年就是大月球停變期發生的時候，在 3 月 22 日月亮達到最高點，而 2015 年就是小月球停變期，2015 年剛好也是月亮最近地球的時候（supermoon），在 9 月 27 日也湊巧發生月全食，三個天象巧合是相當難得一見的。當月球在大停變期時，地球的海洋受到的重力影響比較大，造成潮汐及氣候的變化，同時也影響地球的自轉速度。

　　18.6 年週期值幾乎等於（18+φ）（18+1/φ）^{2} 天，φ 是黃金分割值＝（1 +√5）/2 = 1.6180339887……，黃金分割值被稱為是神聖的比值和最美麗的數字，這個值出現在自然界（包括太陽系行星的排列、我們身體的比例、花瓣及葉的排列等等）、藝術、建築、音樂等等，你如果去歐洲旅遊，在教堂、皇宮、博物館到處都可以看到由黃金分割值作出的建築或藝術品，例如著名的〈維納斯的出生〉（文藝復興時期波提切利所畫，現藏於佛羅倫斯烏菲茲美術館〔Florence Uffizi Gallery〕）中的維納斯的身體各部分的比例都是黃金分割值，如果將黃金分割作出的藝術品的黃金分割值比例稍為變動，我們就會感到「不美」了，義大利的科學家就用功能核磁共振影像分析技術看到在大腦裡對黃金分割作出的藝術品和稍為變動的藝術品不同的反應！

月亮與宗教

　　月亮盈虧的變化讓人感到月亮好像會從黑暗中生出來，漸漸到達滿月，然後再慢慢消失，就好像人生從出生（新月）到壯年（滿月）到衰老（殘月）以至死亡，而恆星月亮週期（27.32 天）也和婦女的平均經期（28 天）相近，經期的英文字 Menses 就是來自 Mene（月亮），遠古時代人口稀少，生殖不易，因此讓人對月亮產生生殖崇拜，所以古代與生殖有關的女神及女性都是用月亮來代表。月的三個面相，上弦月代表再生及生長，滿月代表成熟期，下弦月代表衰老及邁向死亡，正是所有生命都經歷的過程，因此在很多民族月神常常是用三面女神或三個女神來代表，並稱為三位一體，西方藝術作品中就有很多這樣的圖像。崇拜上弦月也就是崇拜生命的再生及生長，這對於古代社會是很重要的，因此月亮也被認為是大自然的母親，上弦月也被選為新婚的日子。

　　兩萬年前舊石器時代發現的女神雕像上（Venus of Laussel）就一手握有像徵月亮的牛角符號，一手放在懷孕的肚子上，就代表月亮盈虧和人類生殖關係的概念，這個信仰一直延續到現在，天主教聖母瑪麗亞的圖像常常伴有弦月就是來自這個遠古時代的信仰，根據《禮記・祭儀篇》中國的西王母原來就是月神。而月亮會從黑暗中再次出現，就給人再生及輪迴的概念，屈原的〈天問〉就說：「月光何德，死而再生。」基督教的復活節及猶太教的逾越節（Passover）節也是選在春分後的第一個滿月。

　　很多信仰及習俗也都和月亮有關，基督教、猶太教及回教的重要節日都是依據月亮的盈虧。月亮用來計時是看月的盈虧，新月（crescent）是一個週期的開始，對於計時很重要，因此新月是遠古時代宗教的重要表徵，2014 年在以色列 Bet Yerah（月神的住所）附近就發現一個五千多年前的新月形巨石，古代蘇美人（Sumerian）的月神 Nanna 就是用上弦月來代表（在北半球月尖向左），印度教的濕婆神（Shiva）也是

用上弦月作象徵，巴比倫繼承蘇美人的文化後，月神改稱 Sin，因為弦月的形狀和牛角或羊角很像，所以都以牛角或羊角作為崇拜的對象，巴比倫以牛頭作為弦月的代表，這是因為牛（農耕）、羊（畜牧）和當時的經濟有非常密切的關係。弦月這個符號也是古代中國和埃及用來描述月亮的象形文字。

　　猶太教的聖山西奈山（Mount Sinai）就是古代祭拜巴比倫月亮神 Sin 的山，在《出埃及記》裡有一段猶太人在西奈山祭拜金牛，這個金牛就是月神 Sin，摩西也是從西奈山得到十誡，這個牛的月神崇拜在一萬年前小亞細亞的加泰士丘（Çatal Hüyük）的古代城鎮就可以看到，現在回教的弦月符號也是來自這個遠古的傳統，很多回教國家的國旗都有弦月符號。

　　農業在六千年前興起後，代表男性的太陽逐漸取代了代表女性的月亮，女神崇拜就漸漸式微，但像陰曆一樣，人們還是無法忘懷代表月亮的女神文化，為此天主教就加入了聖母瑪利亞，聖母瑪利亞的畫像或雕像也常常可以看到弦月的符號就是這個緣故，復活節原來也是代表再生的女神祭日。因為 13 是和女神有關（金星繞太陽 13 次的日子幾乎等於地球繞太陽 5 次的日子），而 5 代表金星（Venus）也是女神，

也代表生殖生生不息，因此在農業社會男性神出現後，為了壓制女神，這兩個數字就被說成不吉利，這就是為什麼在西方十三日星期五是不好的日子。

月亮與生物行為

　　除了用來計時外，月亮對古代漁獵時期人類的生活作息也扮演很重要的角色，因為許多動物都是趁夜晚時出來找食物吃，尤其在滿月時更為活躍，因此狩獵就要選在滿月的時候，而且因為月亮在晚上也可以用來定方位（把月的弦角聯線指向地上的點，在北半球大約就是向南的方向），在傍晚剛升上來的弦月，亮的那一邊就是西邊（太陽剛落下的方向），南非的 San 民族在打獵後就是靠月亮及銀河的定位回家。因為月亮在天空的移動速度比較快，大約每小時向東移動一個月亮大小的距離（0.5 度視角），因此也可以當作時鐘來使用，這些對於遠古時代靠狩獵為生的人類都是很有用的。因此古代希臘女神阿蒂米斯（Artemis）就是狩獵神、月神及生殖神，大概就是來自遠古漁獵時期的記憶。

　　月光在空中受到空氣中分子及顆粒的散射後會有偏極化的現象，一些昆蟲可以用月球的偏極光作導航在夜間行動，例如一種稱為蜣螂（dung beetle，糞金龜）的甲蟲就是利用月光的偏極化來定位，把糞球推到牠的巢穴去作為幼蟲的食物，因為甲蟲推糞球的動作，好像是太陽在空中被推滾一樣，因此古代埃及人也用蜣螂作為太陽及再生的象徵。

月球和潮汐

　　月亮對地球影響最大的就是潮汐，這是因為地球上的海水受到月亮引力的作用，早在公元前四世紀時希臘地理學家畢特阿斯（Pytheas，他是第一位研究北極地區的科學家，他也發現不列顛島，不列顛名字就是他取的）在詳細觀察潮汐時就注意到潮汐和月亮盈虧週期的關係，到了公元前 150 年巴比倫天文學家西留庫斯（Seleucus of Seleucia，大約公元前 190-150 年，他也是太陽為中心的提倡者）也注意到在不同

地區的潮汐時間和強度不一樣，他就提出潮汐是受到月亮引力作用的假說，並且認為月亮對潮汐的影響和月亮和太陽的相對位置有關，東漢王充及東晉葛洪也都知道月亮和潮汐有關，唐朝竇叔蒙（著有《海濤志》）就用他對潮汐的詳細觀察，算出從寶應二年（公元 763 年）上推79379 年間共 28992664 日應有積濤 56021944 次，平均兩個潮汐時間是 24.841108 小時，和現在平均值 24.8412024 只差 0.33 秒！他制定的潮汐推算圖比歐洲早 460 年。這個潮汐時間比地球自轉還要長 50 分鐘，這是因為月球也在繞地球轉，因此地球必須多轉 50 分鐘才會使同一地點受到月亮的影響。

　　因為月亮週期對潮汐的影響，許多海洋生物都發展出適應潮汐變化的行為，古代夏威夷人就認為在特定月亮週期捕魚才會豐收，最近由美國德州大學在 2014 年發表的論文就指出在新月及滿月時捕魚數量大於其他時候，因此捕魚也必需看月亮的盈虧週期。而古人也認為月的盈虧週期和作物生長有關，到現在還有不少人遵循古代的法則在不同月亮的週期時去種植特定的作物。許多生物也都有月亮週期相關的生理時鐘，海洋生物就有潮汐生理時鐘，週期大約是 12.4 小時（24.84 的一半，這是地球相對於月球轉一周的時間），在 2013 年在英國的生物學家就發現一種叫作豬鬃蠕蟲（bristle worm）的海洋生物會在特定的月亮盈虧週期產卵，而且它的每日生理時鐘（circadian rhythm）的活性也會隨著月亮的週期產生變化，珊瑚有偵測藍色月光的分子接受器，可以用來起動生殖行為，月光亮度的週期變化也會影響很多動物的行為。

Chapter 3 /

農業社會的時鐘：太陽的時鐘

　　到了一萬多年前冰河時期結束後，天氣變暖，人類開始進入農耕時代，這時因為農耕的需要，了解及計算天文週期來制定農作的時間就變成很重要，春分是農耕的開始而秋分則是農收的重要時間，因此古文明都致力於制定可靠的曆法來準確的預報春秋分的到來，因為季節和太陽的照射有關，因此就必須用太陽的週期來制定曆法。

崇日宗教

　　因為太陽對於農業社會的重要性，因此古代世界各民族從非洲到復活島都有崇拜日神的宗教，中國古代東岸的東夷族就是崇拜日神的族群，六千多年前的河南城頭山遺址就有拜日的祭壇，這個地方也發現世界最早的水稻田，山東日照地區就是古代東夷族祭日出的地方，有很多與太陽崇拜有關的古蹟及和古代神話對應的地點，例如「扶桑」、「暘谷」等，古代觀天象有名的羲和部落也在這個地方，《尚書・堯典》裡就說：「乃命羲和，欽若昊天，曆象日夜星辰，敬授人時。」

　　有趣的是日神崇拜都和鳥圖騰有密切的關係，這大概是因為蛋黃看起來就像太陽，鳥的遷移也和季節有密切相關，而且太陽每天在天空運

行，好像鳥在天空飛行一樣，因此在許多民族鳥就成為太陽的象徵，古埃及和巴比倫的太陽圖都有兩個翅膀，古埃及的 Bennu 鳥就是太陽的表徵，也代表靈魂及再生，後來希臘稱之為 Phoenix（腓尼基的神鳥，譯成鳳凰），和東亞民族的鳥生神話有異曲同工之意，中國古代的少昊（五帝之一）就是太陽神，也以鳥為圖騰，山東日照地區也是古代以鳥為圖騰的鳥夷所在的地方。

中國古代就有「金烏負日」的神話，在六到七千年前河姆渡及廟底溝文化遺址的圖案中就可以看到，在加拿大西北及阿拉斯加的印第安人的神話就說大烏鴉（raven）從神那裡偷太陽給人類，住在靠近北極圈的人因為冬天沒有太陽，當冬天結束時，黑色的大烏鴉和太陽都一起出現（在沒有太陽的時候大概很難看到黑色的大烏鴉），就編了這樣的故事，你如果到阿拉斯加旅遊就可以看到很多紀念品上有烏鴉和太陽在一起的圖片，大烏鴉在日本、克爾特人（Celts）及希臘也是日神的使者，中國的金烏負日可能就是源自住在北極圈附近的民族。

但在中國這個大烏鴉後來變成有三隻腳（三足烏，《論衡・說日》：「儒者曰：日中有三足烏。」）這是因為古人錯把鳥尾當作一隻腳的緣故，中國新石器時代的「**鬹**」就是一種鳥形的陶器，鬹及後來的鬲和爵都是有三足，在後面那一足其實就是作為支撐用的鳥尾，從商代的鳥形尊就可以清楚的看出來。三足陶器和青銅器是中國特有的器具形狀（商這個字就是來自三足陶器），其起源就和太陽崇拜有密切的關係。

→ 仰韶文化廟底溝金烏負日圖（示意圖）

太陽在寒冷地區代表溫暖，尤其是在冰河時期或靠近極區的人，在黑暗寒冷的冬天，當溫暖的太陽重新出現，草木又開始生長，讓人們感覺生命又重新開始，因此人類早期的時候，都把太陽作為母親來崇拜，因此這些地方的日神都是女神，例如日本的天照大神（Amaterasu Omikami）、北極圈地區因紐特人（Inuit）的 Malina，克爾特人的 Grainne、希臘的 Athena、北歐的 Sol 或 Freyr（星期五 Friday 的字源）等，而相對的，月亮就是男神。冰河時期過後，在熱帶地方，熾熱的太陽就是剛烈有權威的男性神，因此女性日神也就變成了男性日神，例如希臘的雅典娜就轉成男性的阿波羅（Apollo），女性祭師也由男性取代了，而月神也變成女性。依據《日本書紀》的記載，天照大神（女神）是從伊奘諾尊的左眼生出來，右眼則生出月神月夜見尊（男神），這和埃及的神話裡鷹神荷魯斯的左眼是月亮右眼是太陽非常相似，只是左右對調而已。因為在北極圈冬天會沒有太陽，因此在很多民族都有日神藏在洞穴裡，必須用方法把日神引誘出來的神話，其中一個方法就是用鏡子照日神，因此鏡子在一些民族用來代表太陽，在日本銅鏡是天照大神及天皇的象徵。耶穌死後葬在洞穴裡，經過三天後復活升天，也是這種遠古人類思想的表現。

太陽的觀測

但因為太陽在白天不能像月亮那樣直接用肉眼觀測，太陽也沒有盈虧，天空沒有座標去標記太陽的位置，因此要用肉眼量測太陽的運行軌跡及週期來訂定季節有實際的困難，因為晨昏時太陽比較不亮可以直接用肉眼觀察（中國早期就是用這個方法看到太陽黑子），對於觀測太陽的時鐘週期比較方便。住在緯度比較高地區的人因為季節比較分明，經過長期的觀察後就發現太陽在不同季節時，晨昏起落的方位不相同，太

陽照射的樹影長度也會隨季節產生變化，後來就發展成用木杆測日影長度來定季節（表圭測影，請見第四篇），因此這些地區的人很自然的會用這些指標來決定季節而發展出太陽曆。太陽晨昏也是我們用來定義東西南北的方位，英文字 east 是從印歐語言「austra」轉來的，本義就是「向著晨曦」，而 west 的原義就是「太陽下落」，中文的「東」則是太陽在木中升起（來自《山海經》神話）。

　　因為地球軸心的傾斜，在冬天地球北極偏離太陽，因此住在北半球較高緯度的人看到的太陽是偏向南方，而地球是由西向東自轉，因此太陽會從東南方地平面升起，而在西南方落入地平面，日出在夏至時在地平面最近東北方之處而冬至時在最遠的東南方之處，《淮南子‧天文訓》裡就說得很清楚：「日冬至，日出東南維，入西南維，至春秋分，日出東中，入西中，夏至，出東北維，入西北維。」其他時間則在這兩個位置中升起，夏至及冬至的英文是 summer solstice 及 winter solstice，solstice 就是太陽上升位置的極端位置不變動的意思，因為在這個時候太陽升降方位的變化最小幾乎不動，日出或日落的位置會在這兩個極端之間來回變化（見下頁圖），這兩個端點的距離是隨我們所在的緯度而不同，在北半球，緯度越高在冬天時太陽的軌跡越近地平面，兩個升降端點的距離越近，到了靠近北極就看不到太陽了，過了冬天太陽的軌跡逐漸升高，到了夏至到了最高，兩個升降端點的距離也變成最遠，與農耕息息相關的春秋分的時候，太陽升降的位置就在冬夏至太陽升落方位的中間，「分」的英文是 equinox，equi- 是平分，nox 是夜晚（從埃及女神 Nut 轉來的），就是在春秋分時日、夜有相同時刻的意思，也就是日、月和諧，從這種觀察就會產生四季的觀念。

　　中國古代就把二分二至的太陽行跡作為季節的指標，因為春、秋分行跡相同，所以只有三個日道，用三個同心圓代表，這就是「日行三道」的由來（《月令》鄭玄：「故日道稱三。」）後來再加入立春、立

夏、立秋、立冬，變成八個季節，就用 7 個圓來表示，就是古代《周髀算經》裡的「七衡六間圖」（7 個同心圓有 6 個間隔）。在《山海經》裡有七對日月出入之山，就是用來定八個季節。

古代很多民族就是用這種方法來訂定不同季節，古代中國還有特定的天文官專門觀察日及月在地面的升降（《史記・曆書》：「黃帝使羲和占日，常儀占月。」）中國西南少數民族及北美印第安人就是使用這種方法來定節日

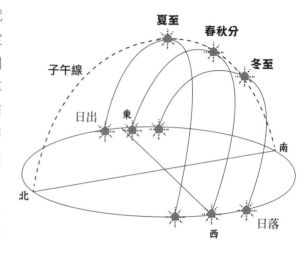

及農耕時辰，同時觀察日月的出入地點就是要協調陰曆和陽曆的差別。《堯典》中就說舜帝「望秩于山川，肆覲東后。協時、月，正日」，就是觀看日（東后）出沒的秩序，以協調季節和陰陽曆。

要確定這個自然時鐘的重現性，人們必須先選擇一個固定的觀測點，在太陽從地平面出現時用一個自然標記如一塊大石頭或山峰來標定太陽（或其他星球）出現的角度，日落時亦同，在定出重要的方位如春、秋分時便用一塊不易變動位置的巨石或建築物來作為這個方位的永久的標記，這就是散布在世界各地古代巨石陣的由來。在墨西哥的伊薩帕（Izapa）地方有一個古代奧爾梅克文明（Olmec）建立的足球場，足球場的一端有一個國王的座位就是對準冬至時太陽從地面出現的方位，座位前的足球就是代表在冬至時重新出生的太陽。在德國 Goseck 地方有一個 7000 年前的巨大圓形土堆，其中一個功能就是用來觀察冬至剛

升起的太陽方位。

　　得到冬夏至及春秋分的方位後，就可以在將這些方位中間再細分，就像時鐘的刻度一樣，讓人們可以方便計時。南美玻利維亞的蒂亞瓦納科（Tiwanaku）就有一個用十一個巨石作成的石牆，中間的巨石上有一個神像，這些巨石及巨石中間的位置就是用來標記春分、夏至、秋分、冬至及中間月分時太陽降落的位置（共分成 20 個月分），有時候古人則是用石頭間或建築物的縫隙來作為定出特定太陽方位的方法，例如祕魯的庫斯科（Cuzco）就在東、西邊各設八個巨石，巨石間就是每個月太陽升起或降落的位置，同樣的，在山西陶寺遺址（可能是堯的都城）發現的四千多年前的天文觀測臺，圓形觀測祭臺對著排成弧形的 13 個夯土柱，在四千多年前的冬夏至及春秋分時的太陽升起時就會通過不同柱間的狹縫，將表（木桿，見第四篇）投影在後面的壁上，來準確的量出初陽或黃昏日落的方位。愛爾蘭紐格蘭奇（Newgrange）五千多年的古墓就有一個石縫，在夏至時的日出陽光就會準確的照進這個縫隙，古代埃及卡納廟的西門就是冬至初陽照入的地方，可以很方便讓人們知道夏冬至的到來，北美阿納薩齊族印第安人（Anasazi）遺址中的一個房子的一個洞口就是對準夏至或冬至時剛出現的太陽，羌族也有類似的方法。

↑ 跨歲（示意圖）

太陽的週期

　　太陽日出（或日落）從一個極端點位置到另一個極端點再回到原點的天數就是太陽的週期，總共經過 365 個日出或日落，所以一年就是 365 天，這在古代稱為「歲」，《周髀算經》就說：「日復星，為一歲。」

意思是説太陽回到同一個恆星位置的天數，這是以恆星年週期的算法，而以陰曆 12 月為週期的稱為「年」，「歲」本來是一個祭祠時割宰用的斧具，商朝時過歲的時候祭典要跨過這個器具，作為新一歲開始的象徵，所以稱為「跨歲」。

但古人經過長期很仔細的標定太陽升降位置後，發現經過 365 日後太陽升降位置並不會回到同一點，而是經過四個 365 天加一天後才會再回到原來的座標點，這才得到回歸年的平均值是 365 又 1/4 天，這不但需要更精準的觀測方法，而且必須有很好的觀察力、耐心及詳盡的記錄，這就是科學研究的基本精神，一個增加準確度的方法就是用一個很窄的狹縫對準夏至或冬至太陽從平面上升的方向（例如印地安人圓形的 kiva 建築或羌族的壁洞，印地安人在 kiva 裡有一個會反光的礦晶，可以增加陽光的可見度），然後計算需要經過多少天，陽光才會再穿過這個狹縫。

希臘天文學家卡里普斯（Callippus of Cyzicus, 370-300BC）在公元前 330 年就訂出這個太陽週期，他的計算則是根據他長久的觀測，認為每 76 年太陽和月亮運行經過的日數相等，這中間有 441 個 29 天的月週期及 499 個 30 天的月週期，加起來就等於 27759 天，除以 76 年就得到 365.25 天這個平均數字，大概在同一時期中國用表圭測日影的方法（見第四篇）也得到這個相當準確的數據，《後漢書‧律曆下》裡就説：「日發其端，周而為歲，然其景（古影字）不復。四周，千四百六十一日而景復初，是則日行之 。以周除日，得三百六十五四分日之一，為歲之日數。」這個 1/4 日餘數的曆法在古代稱為四分曆，意思是説如果你仔細量測日影在春分中午的投影，過了 365 日後在同一時到並不會得到完全相同的投影，而要等 1461 日（365×4+1）才會有幾乎相同的投影，但我們不可能有 1/4 天這種日子，所以取整數就是 365 天，而這個 1/4 天的差別表示大約每四年我們就要再加上一個閏日，才能夠得到相同的週期，

這就是為什麼每四年的二月就從 28 天變成 29 天。

　　但如果更仔細的量測太陽在春分時的出入位置就會發現需要更長的日數才會出現在相同的位置（或用表圭得到相同的投影），希臘的天文學家伊巴谷認為卡里普斯的 27759 天應減去一天才對，這樣算出回歸年的值為 365.24671 天和現值差了 6 分鐘，這個值就幾乎等於（18+φ）（18+1/φ），φ 是黃金分割值 1.618，而東漢劉洪在他的《乾象曆》則算出 365.24618 天，到了南北朝祖冲之更進一步算出 365.24281481 天，和現值只差 46 秒，元朝時郭守敬的《授時曆》訂出的值是 365.2425，和現值差 25 秒，明朝末年的天文學家邢雲路為了增加精準度用 6 丈高的表測量日影，他在萬曆 38 年（公元 1610 年）的著作《戊申立春考證》中提出 365.24219 天的值，天文學家開普勒（Johannes Kepler）在 1627年也算出相同的值，已和現值只差 2.3 秒（如果校正回歸年隨時間的變化，只差 0.2 秒），這些值都是長期觀測的平均值，太陽週期的變化主要是因為地球繞太陽的軌道是橢圓形，而且橢圓的程度會隨時間產生變化。從這些測量，你可以看到古代天文學家是多麼仔細的觀察，並且不斷改進前人所測出的值，這正是科學的基本精神。

　　古代馬雅人知道他們一年 365 天的曆法，經過 1508 年後的天數會等於經過 1507 冬至的天數，因此就可以算出回歸年的週期是 365×（1508/1507）= 365.24220305 天，和現值僅差 1.63 秒（誤差每 6729 年差了一天）。十一世紀時波斯天文學家奧瑪 · 開儼（Omar Khayyam, 1048-1131）則算出回歸年週期為 365.24219858156，和現今值只差在小數點後第七位！。但因為歲差（地軸角度的變化）及其他因素，回歸年週期每 100 年大約會減少 0.53 秒。

　　在地球看到太陽回到相同恆星位置稱做恆星年（sidereal year），古代巴比倫已知道在 225 個恆星年中會有 2783 個盈虧月的週期，用他們算出的盈虧月的平均日數（見第二章）就可以算出恆星年的平均週期

為 365.260637 日，和現值（365.256363）僅差 6 分鐘，希臘的天文學家伊巴谷在公元前二世紀時就更進一步定出恆星年是 365.2576388 天，和現今值只差 1.8 分鐘，第一章提到的印度天文學家阿耶波多則算出 365.25858 天，這些數據都是根據長久多代的觀察數據計算出來的，這些數據告訴我們古代人絕不馬馬虎虎，不但很仔細用心觀察及記錄並且把這個知識代代傳下去，這就是科學的最基本精神。另外，因為地球運行軌跡是橢圓形，因此從最靠近太陽回到相同點的週期要比恆星年的週期稍長 5 分鐘（365.25964 天）。

女媧補天

在古代文明陽曆一年的天數開始時都是 360 天，並且把天數用季節或月分來等分，這大概是為了容易記憶及計算，從埃及、印度、中國、巴比倫及馬雅都是如此，不過因為和實際的回歸年日數不符，後來只好加日子來補正。360 天補 5 天的曆法改革都是古文明的共同作法，例如古埃及人陽曆是一年 360 天，每月（這是將太陽時鐘細分的人工單位，並非月的週期）30 天，共 12 個月，但經過觀察他們的主星 Sirius（天狼星），發現一年應該是 365 天，古代埃及就編了一個神話說曆神托特（Thoth）和月神下棋賭博（這個古代棋戲稱為 Senet，是一種從天文演算設計出來的棋戲，是西方雙陸棋的前身），贏了五天的光，多出的 5 天就作為五個神的生日（國定假日），現在科普特教（Copts）、祆教（Zoroastrium）及衣索匹亞仍在使用這個曆法，但加了閏年，古埃及因為沒有每四年加一個閏日，這個曆法就慢慢與季節脫節，到了公元前 237 年時想推行閏日但沒有成功，一直要到羅馬統治時期才用了閏日。

中國古代十月陽曆也是一年 360 天（稱為「歲」），《素問 · 六節藏象論》就說：「甲六復而終歲，三百六十日之法也。」大概也是後

來發現不對才補上 5 天，這大概就是女媧以五色石補天神話故事的由來。《史記・補三皇本紀》裡說共工氏因與祝融戰，敗後怒觸「不周」山，使天柱絕，地維缺，女媧才用五色石補天，顯然用 360 天的週期會造成曆法與季節不符（「不周」，就是無法有周而後復始的週期），所以古老的共工曆才需要補上 5 天。

在聖經伊賽亞第 38 章裡就有記載上帝為了讓國王希西家（Hezekiah，公元前七世紀的猶太國王）多活 15 年，要伊賽亞把日晷的日影調回 10 度，依照這個日影的變化可以算出每天大概慢了 20 分鐘，360 天就會慢了 5 天，剛好是 365 天，波斯也都是一年 360 天，再補上 5 天。古代巴比倫因為比較注重月亮週期，所以在隔六年後加一個月（30 天）。馬雅人則將一年分為 18 個月（太陽時鐘細分的單位），每月 20 天，後來再補上 5 天，總共一年為 365 天。

這些曆法改革時期似乎都發生在公元前一至二千年那段時期，在這一個時期一些在地中海附近的古文明（如埃及、邁錫尼〔Mycenean〕、西臺〔Hittites〕）以及印度北部哈拉帕（Harappan）等古文明都同時衰落或消失了，在歷史上這段時期稱為「青銅時代衰落時期」（Bronze Age Collapse），而且產生很多人口遷移，現在認為可能是在這段時期發生巨大的天災，科學家現在從人造衛星上看到在伊拉克的南部一個 3.4 公里寬的淺坑，可能就是公元前 2344 年前隕石撞擊造成的，現在認為是來自一種 575 年週期性的隕石，在同一個時期，北歐愛沙尼亞的薩列馬島（Saaremaa）上、澳洲北部及德國南部也都發生隕石撞擊（現在認為是公元前 3123 年的大隕石撞擊），這個撞擊會造成地震、海嘯、洪水及氣候的劇烈變化，可能就是蘇美人及聖經裡提到的大洪水，造成附近許多古文明衰落的原因，古代巴比倫的一些傳說例如《吉爾伽美什史詩》（Epic of Gilgamesh）就有提到天空掉下火球，另一首史詩《烏林的輓歌》（Lament of Urim）中也有描述發生時的情況，這個在伊拉

克南部的隕石撞擊造成阿卡德帝國（Akkad）的首都全毀，《聖經·創世紀 19:24》裡就有提到所多瑪與蛾摩拉（Sodom and Gomorrah，在死海旁的兩個城市，在五千多年前埃博拉〔Ebla，在現在敘利亞的西部〕文明的泥板上就有提到這兩個城市）被天火摧毀，最近考古發掘證實約旦南部有兩個城市大概在四千年前被毀滅，而且地質學上的證據認為可能就是受到隕石撞擊。但這個撞擊是否會造成地球運行的變化，而需要作曆法的校正，就有待進一步研究了。

類似的長週期隕石多次撞擊可能也發生在第六世紀，同時在印尼的喀拉喀托（Krakatoa）火山大爆發、北美及南美的火山也相繼大爆發，在公元 535 至 537 年之間（南北朝時期）變成太陽昏暗，氣候產生極大變化，氣溫急速下降，中國北方產生大旱災及夏天下冰霜，南京受到大量黃塵覆蓋，人口死亡 70%，並且在歐洲產生黑死病大流行，歐洲人口幾乎死了一半，波斯帝國及馬雅文明也因此衰落。

現在少數民族彝族（古代東夷族的後代，彝是夷的同音字，因此他們稱漢人為夏人）還在使用這個補 5 天的古代曆法，他們一年分成十個月，每月 36 日，每月三周，每周 12 日，用十二生肖來記日，共 360 日，補上的 5 或 6（因為加上閏年的改良）作為過年，和古埃及非常相似，為了方便一般人記憶他們將一年分成五季，以土、銅、水、木、火命名，每季兩個月分成公與母，這個古老的太陽曆對於中國文化影響非常深遠，中國陰陽五行的哲學概念及在中國文學常出現的 36 及 72 數字就是來自這個古代曆法，例如古代銅鐘上的乳釘（枚）也是 36 個，他們並且用太陽的運行的極點（日出／日落位置的兩個極限，或一年中日影最長及最短的時候）來作冬夏至的歲差校正，這樣的曆法不但好記，而且不會因為歲差而有錯亂的季節。彝族還有一個很古老的太陽曆，將一歲太陽時鐘細分成 18 個刻度（人工月），以自然現象為刻度的依據（風吹月、鳥鳴月、萌芽月、開花月等等），每月 20 天（大概是遠

古時代用手指及腳趾記日的 20 進位的方法），加上 5 天為祭祠日，有趣的是這個古曆法和南美馬雅的 18 個月的太陽曆完全相同。

太陽公曆的制定

　　現在世界上使用的公曆就是從這個埃及太陽曆改良過來的，古代巴比倫及希臘人本來也都是用陰曆的，後來因為與季節不符，才改成陰陽曆。羅馬人本來也是用陰曆，到了公元前第一世紀時一年已經變成了 445 天，秋天也變成夏天，凱撒大帝（Julius Caesar）當時就用他從埃及學來的陽曆加上閏年取代了舊的陰曆，省去了陰陽合曆的痛苦過程。凱撒大帝改用陽曆時在歲末多加了兩個月（January 及 February，所以本來是 10 月的 December 就變成了 12 月），因為一年 365 天，平均一個月是 30.4 天（人工制定的月週期），為了取整數，有的月是 30 天，有的是 31 天（把兩手握拳去數月數，手背上突出的是 31 天），但這樣湊天數到了最後一個月（February，當時是最後一個月）就只剩下 28 天，這就是為什麼現在二月只有 28 天的緣故。

　　但因為回歸年（tropical year）是 365.2422 天，和 365.25 天一年少了 11 分 14 秒，時差雖然很小，但長時間累積就產生曆法的錯誤，每四百年就差了 3.06 天，因此教庭在公元 1582 年重新修定曆法時，將每 400 年加 100 天變成每 400 年只加 97 天來校正這個 3 天的誤差，經教宗格列高利十三世（Gregory XIII）在公元 1582 年公布後就是現在世界上普遍使用的太陽曆法。

　　但這個曆法平均一年是 365.2425 日，還是會有些微的誤差（每四百年差了 86 分鐘），歲差會讓春分日每 7700 年差一天，為了校正歲差，這個太陽曆必須把春分定在 3 月 20 或 21 日，用春分來作校正主要因為復活節（Easter）是用春分來訂定的關係。在宋朝時著名的科

學家沈括（1031-1091）也曾經設計了一個非常類似西方公曆的《十二氣曆》，比格列高利的太陽曆法早了五百多年，而且每月的日數很平均，但很可惜因為受到保守勢力的阻撓沒有能夠施行。

　　波斯在公元 1079 年制定一種新的太陽曆（Jalali 曆），他們發現觀測春分的位置在 12053 天後才會回到相同的位置，也就是在 33 年中需要加入 8 個閏日（365×33+8=12053），現在伊朗和阿富汗還在使用這個太陽曆。這樣算出來的回歸年的平均週期是 365.2424 天，與現值只差 17 秒，比現行的太陽公曆還要準確，不過因為閏年的決定要靠春分的觀測，用起來比較不方便。他們的曆法還有 132 及 128 年兩個更大的週期，最大的週期是 2820 年，這個大週期有 683 個閏日，平均每年 365.242198 天，和現值幾乎相同。

　　其實比較簡單的方法是除了每四年加一閏日之外在 128 年後多加一天，因為 365.2422×128=46751.001 天，而 365.25×128 = 46752 天，兩者在 128 年只差一天又 1.44 分，如果扣掉閏日，每年僅差 0.68 秒而已，馬雅人很早就知道這個方法，其實馬雅人大概知道 128.18 年會更準確（剛好差一天），但可能因為不方便演算就採用整數。如果將 46751 減去 400 再除以 400，可以得到 115.8775 天，這個值剛好是水星、地球及太陽聯珠的週期，馬雅人大概就是用這個週期回算出 46751 天的 128 年回歸年週期，他們也因此編了一個神話描述一個稱為 Zipacna（128 年的閏日）和 400 個童子間的故事。另外馬雅人還有一個簡單的加閏日方法，如上所述，365×1508=365.2422×1507，這個計算的意思是如果用一年 365 日的陽曆，只要每 1507 天加上一個閏日就可以符合回歸年的日數，而 1508=13×116，116 也剛好幾乎等於水星的會合週期（syndonic cycle）。

364 天的撲克牌及烏龜曆法

但現在的太陽曆法實在有很多不方便的地方，例如每一年開始的日期都不相同，每年節日的日期也不相同，每一個月的天數也不相同等等，因此在二次大戰後有人就希望修改曆法成為一年 364 天，每月 28 天，共 13 個月，每年 52 個星期（7×52 =364），每年四季，一季 91 天，年末加上一天（稱為世界日）來補足 365 天，每四年加一閏日或每七年加一個閏週。這種曆法的好處是簡單易記，每一個日期都會在每一年每一月的同一個星期中的日子，不需要每年都要印日曆。在墨西哥奇琴伊察（Chichen Itza）的馬雅金字塔有四面，每面有 91 個階梯，加上頂層就是一年 365 天，正是這種曆法的表現，一元美鈔背後的金字塔也是相同的意思。

雖然這個曆法改革在聯合國提案受到很多國家的支持，但因為美國國內宗教團體的反對而沒有實施。其實在古代中東地區及猶太教曾用過一年 364 天的太陽曆法，馬雅、衣索匹亞及近代冰島也曾使用過這種曆法，不過可能因為沒有有效的補足和回歸年天數的差額，使曆法過一段時間後就會和季節不符，中國古代也有這種曆法，現在苗族仍保存這個曆法，每月 28 天（每一個月的每一天都有一個名稱），每年 12 個月，歲末加一個 29 天的閏月，共一年 365 天，逢閏年在第十二月再加一天，其實就是現在西方很多人想推行的理想曆法。但這個曆法仍需校正 365.2422 和 365.25 天的小時差，也就是每 400 年加上 97 個閏日。

我們常玩的撲克牌就這個 364 天的陽曆有關，撲克牌的兩面或兩個顏色就代表日夜，撲克牌共有四組代表四季，每一組 13 張代表一季 13 個星期，1-13 的中間數是 7，代表一個星期 7 天，4×7=28 代表每一個月的天數，4×13=52 代表每一年的週數，13×28=364 加上 Joker 就是一年 365 天，宮廷的牌面（Jacks, Queens, Kings）共有 12 張，

代表黃道 12 宮，事實上你可以用撲克牌作成新的方便日曆，每一張牌當作一個星期，上面標上 7 個日期，到了年末時再加上 Joker，每四年再另加一張 Joker，實在是又方便又有趣。

　　為什麼撲克牌的 Ace 排第一而且比 King 要大？這是因為以前 As 是羅馬銅錢的基本單位，所以作為第一張牌，也且後來為了抽稅在黑桃 A 加上皇家稅務局記號，所以就變成最重要的一張牌。紙牌戲是中國在唐朝末年時發明的，後來傳到歐洲，現代的撲克牌大概是十五世紀時才發展出來。

　　有趣的是有一種龜甲剛好是由 13 片組成，而且由 28 片小甲環繞，正好是一個月 28 天，一年 13 個月，共 364 天，加上頭就是 365 天，四年加上尾就是閏日，美洲拉科塔族印地安人（Lakota）就是用這個方式數日子作為日曆，非常方便實用。

→ 烏龜曆法示意圖

Chapter 4

協調日月時鐘：閏月

　　從上面三個時鐘（地球自轉、日、月）的敘述，你可以看到日、月時鐘的週期都不是地球自轉週期的整數倍，太陽的週期也不是月亮週期的整數倍，而且地軸的轉動也會在較長的時間產生曆法的時差（劉宋時的天文學家祖冲之第一次把歲差考慮進去而得到更精確的《大明曆》），這些時差會造成曆法的失敗，產生農業及社會的混亂，因此古代的天文學家的一個重要任務就是要修定一個可以用很久又不會有太大時差的曆法。另外從地球上看，太陽和月亮時鐘的運轉也不是等速（這是因為地球繞太陽及月亮地球的軌跡是橢圓形的），地球繞太陽的軌跡也會受到其他行星的影響，這些因素都使曆法在一段時間後就產生與季節不符合的問題，必須要整新校正，讓古代的曆法家頭痛不已。

　　從月球升降方位變化會在兩個端點間來回變化，它的變化方向剛好和太陽相反，但仔細觀察的古人發現這兩個端點的位置在同一個時間觀察時會逐年改變，要經過 19 年才會在同一天看到滿月在同一個方位升降，這個週期是月球運行軌跡本身受太陽重力影響的結果。月球比較短的週期是盈虧和與恆星相對位置的週期，從地平面的觀察就可以算出月盈虧週期是 29.53 天，從這些觀察古人了解到太陽週期並不是月球週期的整數倍，若把一年的日數除以月的日數

（365.2422/29.5306），一年就會有 12.3682 個月，因為我們不可能有不是整數的月分，因此如果把一年分成 12 個陰曆月，那麼就會有 365.2422-12×29.530587=10.8751 天的差別，因為這個緣故，所以純陰曆使用起來很不方便，過了一段時間便會和季節脫節，造成混亂，現在只有回教還在使用，現在大家所謂的陰曆，其實是陰陽曆。

日月聯婚

12.3682 月這個數字可以用一個巧妙的圖形導出來，如果你畫一個直角三角形，弦長是 13，而底長是 12，則依據畢氏定理高的長為 5（$5^2+12^2=13^2$），如果將高長分成 2 和 3（依畢達格拉斯的講法，2 是女性，3 是男性，5 是男女結合，生生不息），那麼高為 3 的新直角三角形的弦長就是 12.368，這個三角圖形就被稱為「日月聯婚」的圖形。你也可以用 13 單位作直徑畫一個圓，在圓裡作出一個五角星形，那麼這個星的邊長就等於 12.364。在古代希臘舉辦奧林匹克就選在太陽和月亮最亮的時候（冬至滿月後的第八個滿月），也就是象徵國王和皇后的婚禮，撲克牌的皇后及國王也是排在第 12 及第 13 張。

在英國巨石陣有一個長方形的石塊（station stone），它的長和高的比正好是 12：5，顯然就是用來標定日、月鐘的時差，而巨石陣內外圈半徑的比為 7：19，7/19 的值（0.36842，稱為 silver fraction）也幾乎等於日、月鐘的月數時差，也剛好和默冬（Meton）19 年 7 閏的週期的比值相同（見下面），而 12.368 = 1/0.08085 =1/（254/235-1），254 個恆星月的天數（6939.28）也剛好與 235 個朔望月的天數（6939.55）相同。如果用一個陰曆年的日數 354.36 作一個直角三角形的底，三個月（一季）的日數 88.59 作高，那麼根據畢氏定理，弦長為 365.266，就幾乎等於一個恆星年的日數。

日月週期的最大公約數

因為月數必須是整數，因此曆法家的問題是如何插入閏月來協調「月鐘」（陰曆）和「日鐘」（陽曆）的時差，因為「月鐘」（陰曆）和「日鐘」（陽曆）的一年時差乘以8（87天）就幾乎等於三個朔望月，古代巴比倫就是用這個8年插入三個閏月（99個月）的方法來協調「月鐘」和「日鐘」，8年也剛好是金星的週期，希臘人承接巴比倫的8年3閏的曆法，他們古代在德爾福（Delphi，阿波羅神廟所在地，在希臘西南）每8年舉行一次競賽，這個節日除了文藝比賽活動也有運動競賽，後來在公元前586年後改成每4年舉行一次，這就是現在奧林匹克運動會每4年舉行一次的由來。

但這個8年3閏週期的誤差實在太大，公元前五世紀希臘天文學家默冬（Meton of Athens）在公元前432年提出19年7閏的週期，19年的日月時差日數幾乎等於7個陰曆月（10.8751×19=206.62天，29.53×7=206.71天），這時太陽和月亮會回到天空相同的位置，亦即陽曆和陰曆每隔19年就差了7個陰曆月，如果上述的一年12.3682月用連分數（漢朝落下閎發明的方法）去求分數的逼近值，可以得到第一個近似值為12+7/19，也就是19年7閏（默冬週期）。

這個週期也和黃金分割有關，19年的天數 = 19（18+φ）（18 + 1/φ），φ是黃金分割值。其實人類很早就知道這個19年的週期，在3400年前的殷商甲骨文裡已經有默冬週期的記載，而五千年前愛爾蘭的紐格蘭奇（Newgrange）、五千多年前英國的巨石陣（Stonehenge）及2011年在德國發現的2700年前圓形巨石陣也都已有默冬週期的陰陽曆，英國巨石陣裡有一個用19大石柱排起來的青色馬蹄形石陣（Bluestone Horseshoe），大概就是用來計算這個週期的，巴比倫也在公元前八百多年用這個週期來制定陰陽曆，默冬很可能就是從巴比倫

學到這個週期，因為只有巴比倫才有非常詳細的日月運行資料來計算這個週期。19 年 7 閏的默冬週期的由來是因為月亮軌跡受到太陽重力影響而產生旋轉，水星軌道的旋動就用來證實愛因斯坦的廣義相對論。

　　要協調日月兩個時鐘（陰陽曆法），必須在 19 年之間插入 7 個閏月，這個相當大的時差讓古代制定陰陽曆的天文學家傷透了腦筋，巴比倫及中國古代的天文學家都想辦法要協調這個時差才不會產生曆法的錯亂，最大的問題是時差的 7 個閏月應該怎麼插入 19 年中，在四千多年前埃及發明一種 59 個洞的棋盤，來計算陰陽曆差別的天數，每次滿月就在一個洞插一根小木桿，一個月有 29 或 30 天（加起來等於 59），數 12 個月後，在另一個 59 洞插一根小木桿，當插到第 29 根時就是要加閏月了。波斯帝國早期就開始用春分和他們的過年的月分（Nisannu）必須相同作為加閏月的準則，現在猶太人仍採用這個方法。在中國則使用 24 節氣的方法來定閏月，我們現在還在使用這個二千多年的古老方法。

　　但 19 年的默冬週期還是會有些微的誤差（0.09 天），經過長時間後這個微小誤差就會使曆法再產生問題，公元前 331 年亞歷山大攻占巴比倫地區後，將巴比倫的天文資料翻譯成希臘文，公元前四世紀的天文學家卡里普斯（Callippus of Cyzicus, 370-330BC，亞里斯多德的學生）就根據這些古代天文資料提出在 76（4x19）年的週期（27758 日）插入 28 閏的方法，來進一步彌補陽曆和陰曆的差別，但他的建議並沒有被後人採用。但有趣的是和卡里普斯同時候的中國戰國時期的《四分曆》就曾用 19 年 7 閏月（「章」，即經過 19 年冬至時有相同的月相）及 76 年為安排大月及閏月的共同周期（中國古代稱為「蔀」），《周髀算經》裡就說：「於是日行天七十六周，月行天千一十六周，及合於建星」（76×13+28=1016）；《後漢書‧律曆下》：「月分成閏，閏七而盡，其歲十九，名之曰章。章首分盡，四之俱終，名之曰蔀」，

但蔀並沒有像後來伊巴谷那樣減去一天，因此並沒有增加準確性。19 和 76 這兩個數字在數學上都是所謂的盧卡斯數（Lucas number），意思是兩個費波那契數列（Fibonacci series，又稱費氏數列）數字的和，費氏數列數字是 0、1、1、2、3、5、8……，前後兩個數字的比就漸趨近於黃金分割值 1.618。

　　古代中國還有更長的週期（《後漢書．律曆下》：「以一歲日乘之，為蔀之日數也。以甲子看命之，二十而復其初，是以二十蔀為紀。紀歲青龍未終，三終歲後復青龍為元。」）《周髀算經》裡還有更長的週期「首」（三「遂」，4560 年）、「極」（七「首」，31920 年），到了「極」，就「生數皆終，萬物復始」，也就是最長的週期，「極」恰好也是西方 Julian 週期（7980 年，西曆最長的週期，稱為 Julian Period）的四倍。其實古希臘天文學家伊巴谷也曾提出一個 304（76×4）年減去一天的週期（=3760.03 朔望月 =11035 天），有趣的是孔子也曾經提到這個年數作為「紀」週期的小週期，《易乾鑿度》引孔子曰：「立德之數，先立木、金、水、火、土德，各三百四歲，五德備凡千五百二十歲，太終復初。」1520 年週期 = 9253×60 天，是使甲子 60 天週期可以重覆。但這些週期事實上都無法有效協調「月鐘」和「日鐘」，因此唐朝的史官李淳風就把這些週期廢掉。

　　如果用一年 13 個月來作曆法，那麼 13×29.5306=383.8978 天，經過 372 個陰曆年後的日數（383.8978×372=142809.98）就會幾乎等於 391 個陽曆年的日數（391×365.2422=142809.7），因此如果用一年 13 個月，偶數月 29 天，奇數月 30 天，共 384 天的陰曆，只要每隔 10 年減去一天，大概就可以符合陽曆的週期（每一年誤差 3.2 分鐘），而這樣算出來的朔望月的週期（（10×384-1）/13=29.53077），和現值只差 16 秒，如果用 470 個陰曆年就和 494 陽曆年更符合了。事實上南北朝時的天文學家祖冲之（429-500）在《大明曆》裡就曾提出在

391 年插入 144 閏月的方法，這個週期用現代的數據來計算是非常準確的，391 回歸年的日數（142809.7）和 4836 朔望月的日數僅差 0.22 天（5 小時 17 分鐘，平均每年誤差 49 秒），10.8751（「月鐘」和「日鐘」一年的時差）×391=4252.1 日，除以朔望月的日數（29.530587）就得到 143.99189 個月，就是祖冲之的 144 閏月！北涼的趙欸（編修《元始曆》）也提出 600 年 221 閏的方法，後來隋朝天文學家張胄玄更進一步用 410 年插入 151 個閏月的方法，不過誤差都比祖冲之的大了一些，410 年大概是在同一地點看到日全食的平均週期。

　　十九世紀時愛爾蘭佈道家吉尼斯（Henry Grattan Guinness）也發現這個 391 年的週期，不過他是因為對聖經裡的數字感到興趣而發現的，有一天他讀到十七世紀瑞士天文學家協叟（JJean Philippe Loys de Cheseaux, 1718-1751）有關日月週期和聖經裡的預言數字，協叟發現聖經裡的一個預言數字 1260 剛好是一個很準確的日月週期，在 1260 年誤差只有 0.48 天，比默冬週期誤差（6 天）要小很多，他也發現另外一個數字 2300 也是一個很準確的日月週期，吉尼斯因此也自己去找另外一個數字，結果發現 391 年比協叟的數字誤差更小。

　　這些閏月數目的計算都符合一個公式：p/q=（136+235m）/（11+19m），p 是朔望月的數目，而 q 是多少年需要加 p-12q 個閏月，m=20 就是祖冲之的 144 閏。

　　其實制定曆法可以不必考慮陰曆，就像我們現在使用的陽曆並不考慮朔望月，而是用人工將一年分成 12 段的人工月，我們現在用陽曆不是很簡單實用嗎？古代文明之所以花了很大的力氣去調和陰曆和陽曆，主要是人們已經長久使用陰曆，當農業社會開始需要制定陽曆時，舊有的習慣和記憶已經深植人心實在很難一下子改變，以遊牧為生的阿拉伯現在還在用陰曆就是這個原因（回教旗幟都用弦月作標記），因此在由漁獵時代轉入農業社會時，不得不兼顧這兩種曆法，只好花很大力氣去

調和陰曆和陽曆，說起來有點不值得，但由此發現歲差的現象，還算是一個不錯的收穫。

Chapter 5 /

日月食的預測

日、月食的歷史事件

在古代日食是一個很重大的天文現象，日、月食的天象對古人的心理影響很大，公元前 585 年的日食就讓正在打仗的呂底亞人（Lydian，小亞細亞的民族）及米提亞人（Medes，在伊朗北部的民族）停止戰爭。公元 1453 年當鄂圖曼帝國軍隊圍攻拜占庭的君士坦丁堡時，在 5 月 29 日出現月食（血月），讓拜占庭的士氣落到谷底，果然幾天後東羅馬帝國就被滅亡了。哥倫布在公元 1504 年時因為船需要停在牙買加維修，但當地的印地安人不肯供給他們食物，哥倫布就利用從阿拉伯航海的天文學知識告訴印地安人，他的神對他們很生氣，要在 2 月 29 日把月亮拿掉，當月食果然發生時，害怕的印地安人就懇求哥倫布告訴神把月亮送回來，並答應供給食物，哥倫布就說他要去跟神商量，過了一下子（月亮通過地球的影子大概需要 40 分鐘到 1 個小時）他回來告訴印地安人神已經答應把月亮放回來，果然月亮就亮起來，讓印地安人及他的水手們敬佩得不得了。在 1868 年 8 月 18 日的日全食也讓法國和英國科學家從太陽的光譜裡發現新的化學原素：氦（Helium，名字取自希臘文 helios，就是太陽的意思），當時的泰國國王蒙庫（Mongkut）就非常準確的預測這個日食及日食的時間。

公元前 1374 年 5 月 3 日在兩河流域看到的日全食是人類第一次的日食記錄，中國是世界上記錄日、月食最久的國家，《尚書》裡就有提到夏朝仲康時的日食，這可能是公元前 1876 年 10 月 16 日的日全食，商朝甲骨文資料裡就有 6 次日食及 7 次月食的記錄，《竹書紀年》有提到周懿王（西周第七位君王，公元前 899-892 年）時的日食，現在推算起來是在公元前 899 年 4 月 21 日的日環食，不過這一年在 10 月 26 日還有一次日偏食，從漢朝到元朝共記載 596 次日食，二千多次月食。

日食的觀測

太陽亮度太強，因此不能直接用肉眼觀測，中國古代觀測日食是用水面的反光，在宋朝時改用反光較強的油面來看日食，但這種方法無法讓人量測日食的程度，而且也無法防止傷害眼睛，亞里斯多德很早就知道用小孔成像來觀測日食，他注意到有小孔的葉子會把陽光投影在樹蔭，讓他可以觀測日食，元代郭守敬也是用小孔成像的方法，將太陽影像投影在地上或牆上，方便量測日食的變化。墨子大概是最早描述針孔成像的原理，這個方法被達文西用來幫助風景寫生，後來就發展成現代的照相機。

日、月食的原理

古人很早就想透過對太陽和月球的運行觀察來預測日、月食的到來，希臘天文學家阿里斯塔克斯（Aristarchus of Samos, 310-230BC）很早就了解日食和月食的道理，他知道日食是因為陽光被月球遮住了，而月食是因為照到月球的陽光被地球遮住了，他並且用地球在月球上的陰影來估算地球和月球大小的比例。西漢劉向也瞭解這個道理，他在

《五經通義》裡就說：「日食者，月往掩之。」

照理說，月亮繞著地球轉，一月中會有一次在太陽與地球中間，產生日食，一次則會在地球的另一邊，產生月食，但因為月亮運行的軌跡和黃道有一個 5.145 度的交角，月球的軌跡（白道）和黃道平面會有兩個交點（node），這兩個交點通常不會在太陽與地球的連線附近，因此不會產生日、月食，會發生日、月食是因為月亮運行的軌跡受到太陽重力的影響，產生軌道的旋動而產生交點位移（nodal precession），與黃道平面兩個交點的連線會以和地球自轉相反的方向旋轉，使交點的位置產生改變，當月亮軌道旋轉到月亮出現在太陽與地球聯線的附近時就會產生日、月食，因此發生日、月食的週期就和月球軌道旋動的週期有關。從這個原理要預測日食並不困難，只要注意新月在清晨在地平面升起的位置漸漸靠近太陽在地平面升起的位置，就是快要產生日食了。

日食可分成日全食、日偏食、日環食及混合食等四種，日環食是因為月球軌道是橢圓形，有時候月球離地球稍遠，無法完全遮住太陽就會產生日環食的現象。2005 年 10 月初的日食就是如此，因為潮汐摩擦力的關係，月亮現在以每年 3 至 4 公分的速度離開地球，因此十幾億年後就再也不會有日全食。

交點在地球的後面就會產生月食，因為地球比月球大很多，因此即使三個星球沒有完全在一直線上，地球的影子仍然可以蓋住月球，因此月全食出現的機率比日全食高出很多，世界各地都可以看到，而且發生的時候應該是在滿月的時候。

在東漢數學家及天文學家劉洪提出月球運行軌跡為「白道」的說法，並算出白道和黃道的交角為六度，他的計算方法是測量月亮升到最高點相對於赤極之間的角度（因為赤極方向固守不變，所以可以用來作測量的基準點，在中國古代天文學稱為去極度），從月球一月中最高點角度變化的最大值（冬至）及最小值（夏至）的差，他就可以算出白道

和赤道的交角，從而算出白、黃道的交角，他的值比現值（5.14 度）大了將近一度，除了測量的誤差之外也可能是因為沒有校正大氣折射的關係。

因為月亮軌道旋動需要時間，因此在發生日、月食的時期，每年至少會發生兩次日食（大部分都是偏食，有時月亮很近中線，所以連續兩個月可能會產生偏食），兩次日食發生的時間（稱為食年或交點年）要比回歸年短，漢初落下閎已算出一食年是 346.66 日，比現值 346.62 日只差了 0.04 日，隋朝劉焯算出的值是 346.619338，唐朝末年邊岡（編修《崇玄曆》）則算出 346.61953。19 個交點年的值剛好等於一個沙羅週期（346.62×19= 6586.78 天），而交點年的值差不多是軌跡旋動週期值（18.6）的平方，或者是（18 + 1/φ）^{2} = 346.63，φ 是黃金分割值。交點年和回歸年的天數差 = 365.2422-346.62 =18.6222 天，很巧的這個值也剛好差不多等於交點的旋轉週期 18.6 年。

日食的預測是一個很困難的工作，這有兩個主要的原因，第一、因為月球的體積比地球小，因此在日食時照到地球的陽光只有一小部分被月球擋住（這就是為什麼只有一些地區的人可以看到日食的緣故，因此就算可以預測日食的時間也不容易預測到可以看到日食的地點，如果從月球上看，地球上只會有一個小黑影），唐朝孔穎達在《春秋疏》裡就用很巧妙的比喻說：「體映日，則日食，以今料之蓋當其下，即見其食，既在旁者，則千里漸疏而。正如以扇翳燈，扇影所及無復光明，其旁漸遠，則燈光漸多矣。」公元 1221 年全真教道士邱處機奉成吉思汗召喚，到達中亞撒馬爾罕時，與當地曆法家討論當時日偏食食（5 月 23 日）在不同地點看的現象，就是引用《春秋疏》裡的比喻。第二、要造成日全食，月球必須剛好與太陽及地球形成一直線，但月球運行的軌跡受到太陽及地球重力的雙重影響相當複雜，因此要預測什麼時候三者會在同一直線上是相當複雜的物理問題。

沙羅週期

古代巴比倫天文學家發現相同的日月食會有一個週期（Saro's cycle，223 個朔望月 =6585.3211 天，這個值幾乎等於 $19(18+1/\phi)^2$）。因此在一個日或月食後隔一個沙羅週期就會再產生一次相同的日或月食，一個日食過後經過一半的沙羅週期（9 年 5.5 天，稱為 Sar 週期）就會有月食，巴比倫天文學家很早就了解這個事實，他們在公元前 800 年後的 61 次日食預測都符合現代天文學的計算，著名的希臘科學家戴爾大概就是用這個知識去預測公元前 585 年 5 月 28 日的日食（另外一個說法是戴爾從亞述人那裡知道更準確的 54 年 34 天的週期），這個日食使當時正在廝殺的米提亞（Medes）和呂底亞（Lydians）戰士驚慌而停止了五年之久的戰爭。

但每一次日、月食的間隔並不會完全一樣，這是因為月亮的軌跡受到太陽重力的影響，變得相當複雜，因此隔了多年後就會產生誤差，所以用沙羅週期預測的日、月食只能維持一段時間（一個沙羅週期平均有 84 個日、月食，日、月食各一半），例如第 131 個沙羅週期系列是從公元 1427 到 2707 年共 70 個日、月食，過了這段時間就必須重新開始另一個沙羅週期，一個沙羅週期系列大約是 2100 年（15610 朔望月）。但沙羅週期有一個 1/3 天的尾數，因此同一個地點要看到日食就必須經過三個沙羅週期（54 年 34 天 =19765 天 =669 朔望月 = 57 個食年，稱為輪轉週期〔Exeligmos〕，意思是回到原點的時間），馬雅天文學家就是用這個比較準確的週期來預測日月食。事實上月球軌跡旋轉 18.6 後並不會完全回到原點，而是須要 18.6×3=55.8 年才會更接近原點（同一個日食觀測經度點，但緯度點則偏離 5 至 15 度），英國巨石陣的外面有一圈 56 個洞穴，大概就是用來預測日全食再次出現的時間。希臘在二千多年前發明的一個稱為「安提基特拉機械」（Antikythera

Mechanism）的類比計算機就可以計算沙羅及輪轉週期。其實如果用 2438 年的週期（=30155 朔望月 =32593 恆星月）就更準了，2438 年大約是輪轉週期的 45 倍，這個週期很像希臘天文學家阿里斯塔克斯曾提出一個日、月、五星都回到同一點的 2484 年週期概念（大年），有人認為 2484 是後人抄錯了，應該是 2438 年。

　　西漢劉歆（約 53BC-23AD，他在天文學有很多貢獻，也算出圓周率 = 3.15471）在《三統歷》中提出以一個比較短的週期：135 個朔望月 =3986.63 天，有 23 次交食的週期，這個週期是馬雅人週期的三分之一，西方人稱之為 Tritos 週期。後來中國也採用 405 月（3×135）的週期，這個週期剛好是馬雅 260 天曆法的 46 倍。唐初的著名天文學家李淳風（《推背圖》作者）則提出一個 716 個朔望月（也等於 777 個交點月，有 61 個日、月食；大約是沙羅週期的 3.2 倍）的週期，他用這個週期準確預測日食到來的時間（這可能是發生在公元 642 年 1 月 6 日的日全食），據說他在完成新的曆法時，告訴唐太宗會有日食發生，唐太宗不信，李淳風就預言當陽光產生的表影移到這條線時就會有日食，果如其言，令唐太宗佩服得不得了（見劉餗所著《隋唐嘉話》）。李淳風這個週期的誤差（140 秒）比沙羅週期誤差（200 秒）還要小，李淳風的週期剛好是十九世紀時美國天文學家紐科姆（Simon Newcomb, 1835-1909）算出的週期（358 朔望月，29 年減 20.1 天）的兩倍，因為通常在兩個沙羅系列中間，因此稱為「依內克斯週期」（Inex），就是 Incoming and Exiting Saros cycle 的意思。一個依內克斯週期是 10,571.95 天，依內克斯週期系列大約是 23000 年，但因為這個週期不是交點月的整數倍，前後兩個日食的月球和太陽的相對位置會略有差別，所以產生的日食情況並不完全相同，大概要經過三個週期才會有類似的日食。古代希臘天文學家伊巴谷（Hipparchus）根據巴比倫的記錄還發現一個更長的 345 年（4267 朔望月 = 4573 近點月）日月食週期。

2015 年的日全食剛好在春分 3 月 20 日（另一個日偏食會在 9 月 13 日），這個日食是屬於沙羅週期 120 系列的第 61 個日食，但因為日影落在北大西洋，因此只有在兩個小島上可以看到日全食。這個日食是因為新月遮住了太陽，因此兩個星期後，當月亮運行到地球的另一邊時（4 月 4 日滿月）就會產生月食。

月食時月亮常常看起來是暗紅色，即所謂的「血月」，這個現象是因為月食是月亮在地球後面，也就是通常的滿月時候，所以剛產生月食的時候，太陽剛落下時，從地面出現的滿月月光被地球遮住了，但夕陽的紅光會經過地球表面折射照到月亮，這些陽光會受到空氣中顆粒的散射，把高頻率的光線（藍、紫等）散射掉，剩餘較紅的光照到月亮就產生暗紅色的「血月」，所以這只是光學效果，就像我們看到黃昏的天空呈紅色是一樣的道理，因此「血月」是在月亮剛在地平面出現時最明顯。在 2014 到 2015 時就有連續四個月全食（稱為 tetrad），有人迷信連續產生四個「血月」會產生什麼不好的災禍，其實這只是因為在這段時間月亮剛好位在黃道平面附近，因此每一次滿月時就有一次月全食，四連月全食的發生是因為地球軌跡橢圓程度的變化造成的，它的週期大約是 565 年。

日全食的數學

要月球剛好完全遮住太陽產生日全食，那麼太陽和月球半徑的比值（Ds/Dm）就需要等於太陽到地球距離和月球到地球距離的比值（As/Am），也可以寫成 As/Ds ＝ Am/Dm，月球和太陽的數據剛好符合這個條件，這是巧合或是上帝的安排就不知道了。As/Ds 的值差不多是 107.5，這個值也近似太陽半徑和地球半徑的比（109.1），也近似印度教及佛教的神祕數字 108。

第 二 篇

星星的時鐘

Chapter 1

星星：遠古的季節時鐘

　　在晚上抬頭看到高掛在天空亮晶晶的星星，給予人們無限想像的空間及神祕感，人們把不同的星星連起來形成一個圖案，也想像這些美麗的星星和我們的關係，人類早期的神話和宗教都和星星有關，我們是不是從那裡來？死後靈魂是不是回到那裡去？因為有時有隕石的撞擊，因此甚至想像星星在天上的變化會影響在地上的事物，這就是占星術（astrology）的起源，占星術對於星星的仔細觀測，並提出想像的看法及預言，其實就是人類最早萌芽的原始科學之一，把占星術的觀測資料加以理性的分析就成為天文學，在古代，觀測天象的巫師史官都要對天象變異提出解釋，因此這兩門學問在古代是密不可分的，一直要到十七世紀時，天文學才真正變成一個理性的物理學。

　　日月時鐘需要長時間的詳細觀測及數學推算，這須要依靠古代巫師及史官的特殊才能，一般人依據經驗，在晚上看到一個特定的亮星或亮星群出現時，就大約可以知道什麼季節要到了，對於北方民族，看到春天要來的星象，就可以知道嚴寒的日子要過去了，而秋天的星象代表要準備過冬了。在遠古時代漁獵社會就用這些季節的星象作為方向指標及漁獵的時間，例如在澳洲的原住民就用特定星象偕日升的變化作為遷移

尋找食物的指標。人類在農業開始後，就需要知道那一個時候要開始農耕，古代農夫根據經驗，在看到某個亮星出現時，就知道要準備農耕及播種特定的農作物了，《書·傳》裡就說：「主春者張，昏中可以種穀，主夏者火，昏中可以種黍。」因為春天是農耕開始的時候，因此春天開始出現的星象在古代文明都是非常重要的天象，都要舉行重大的儀式，也作為一年的開始。

後來就更一步為了要細分一年的時間，古人就用恆星在天空的位置作基準來觀測日月運行的相對位置，作為協調日、月這兩個時鐘時差的準則。要討論這個題目之前，我們需要先瞭解古人如何觀測恆星在天空的位置。

星圖的製作

人類從很早就開始觀測天象，最早的時候，古人從夜晚天空中密密麻麻的星星中，把幾個靠近的亮星聯起來，用想像力將之變成容易記憶的形像，這就是星座（中國的星官）的起源，在法國中部拉斯科（Lascaux）一萬六千多年前的石洞裡的壁畫就有一個畫有牛及七顆星可能代表金牛（Tauros）星座的天文圖，及一個代表月球 29 天週期的陰曆圖，在中國青海出土的五千多年前的石斧上也有星座的圖像，五千四百年前埃及壁畫上也已有星座的圖像，澳洲土著就把獵人座的星象想像成一個獨木舟，獵人座的三顆亮星就是坐在舟上的三兄弟。古人發現一些星象在某一個季節會出現，因此可以用來作為季節的指標，星象也可以作為方位的指標，對於遠古時代靠採集及漁獵生活的人是很有用的知識。為了方便記憶，就編了一些神話或故事，代代相傳。這種實用的星象經過有系統的觀察及整理後，就成為巴比倫的 12 宮及中國的 28 宿，後來發明可以測量星星相對位置的方法（見第四篇）後，才可

以把天空的更多的星星記錄下來。

　　現在最早的星圖大概是 3500 年前埃及森穆特（Senmut）墓裡天花板上的星圖，最早的恆星表則是公元前 1800 年巴比倫的禱告詞中所列出的星名，公元前十四世紀時亞述人（Assyrian）的 Mul Apin 石板則有更詳細的星表，在埃及丹德拉（Dendera）神廟的天花板上雕有巴比倫星座圖（原圖現存法國羅浮宮博物館），這個星象圖大概刻製於公元前 50 年，希臘伊巴谷在公元前 129 年也作出一個星表及星象圖，不過已經失傳了，在義大利那不勒斯的國立考古博物館（Museuo Archaologico Nazionale）裡有一個希臘阿特拉斯天神（Atlas）背著天球的大理石雕像（Farnese Atlas），天球上面的星座圖像大約是公元前 125 年左右的天象，可能就是來自伊巴谷的記錄，這個天文圖有赤、黃道及 33 個包含 12 宮的星座，不過這個雕刻品都只有星座而沒有各別的星星，因此只能算是「星座圖」。

　　西方到了公元二世紀托勒密時已有 1028 顆星的位置及亮度表，這是根據伊巴谷的資料但加上歲差更正所得到的星表，現存最早的西方星象圖是由波斯天文學家阿卜杜勒—拉赫曼 · 蘇菲（Abd al-Rahman al Sufi, 903-986）在他著作裡繪製的星座星圖，大概是從托勒密在公元二世紀的天文資料複製及改良。不過這個星圖並沒有恆星的相對位置數值，後來在 1437 年中亞的國王及天文學家烏魯伯格（Ulugh Beg）在他著名的天文臺（位於現在烏茲別克斯坦的薩馬爾罕，古代中亞文化中心）重新測量這些星的位置，訂出一個有 1018 顆恆星的星表（Zij Sultani），中世紀的天文學家布拉赫（Tycho Brahe）則更準確的定出 1000 顆恆星的資料。望遠鏡發明後，現在可見的星球數目已經到二億多顆了，不過宇宙星星的數目是多得數不清。

　　你如果要看古代西方的星象可以到紐約中央車站（Grand Station），車站天花板有一個 2500 顆星和銀河的地中海秋冬天空星象

圖，每顆星用金箔裝飾，亮星更有小燈光，上面還有黃及赤道，但星象的排列剛好和我們看的相反，這是因為畫家是用從天球外看下來的天象（上帝看到的星象），從這裡我們看出古代東西方天「文」觀念的差異。

在中國，公元前三百多年齊國甘德的恆星表已經有 118 星官（相當於西方的星座）共 511 顆恆星，魏國的石申則記有 138 星官共 810 顆恆星，除去重複共有 800 個恆星，比希臘伊巴谷所作的星表還早了一百多年。東漢時，張衡在他的著作《靈憲》裡整理出一個有 444 個星官及 2500 顆星的星表，並將之畫在他製作的渾象儀上，但很可惜，他的星表及渾象儀都沒有留傳下來。三國時期天文學家陳卓將石氏 93 星官，627 星，甘氏 118 星官，511 星，巫咸氏（殷商時太史官）44 星官，144 星，用不同顏色標記，加上二十八宿的 182 星，作成共 283 星官，1464 顆恆星的星象圖，這個全天星象圖雖然失傳了，但在二十世紀初在敦煌發現的唐初李淳風所作的《敦煌星圖甲本》（現存於大英博物館）基本上保存了陳卓的星圖顏色註解，只少了 100 多顆星，這個星圖和在韓國保存隋唐時製作的《天象列次分野之圖》可能是三國到隋時的天象。根據英國學者的研究，《敦煌星圖甲本》中恆星位置非常準確，其中矩形的星圖（赤道附近的星象稱為「橫圖」，就是在每一個月見到的星圖）可能是使用類似比利時麥卡托（G. Mercator, 1512-1594）在公元 1569 年發明的投影方法，因此可以說是世界上最早又最精確的星象圖。中國的天文觀察記錄是最持久的，中國是世界最早記載新星或超新星（甲骨文記載有「七月己巳夕丘……有新大星開火」，距今約 3300 年）及太陽黑子（漢書五行志裡說：「日出黃有黑氣大如錢，居日中央。」最早記錄在公元前 28 年漢成帝時）等現象。

最近日本在奈良縣明日香村的木寅古墓（Kitora 古墳，公元七至八世紀）裡發現一個有 68 個星官的全天圓形星圖，根據日本學者的研究，這個天文圖可能是漢朝時（可能是漢宣帝元康元年，公元前 65 年）從

北緯 34 度（洛陽或長安）觀看的星象，是世界最早的星象圖之一。葬於木寅墓的主人可能是日本飛鳥時代右大臣阿（安）倍御主人，阿倍氏是陰陽師（巫師）的世家，平安時期的阿倍晴明就是著名的天文官（陰陽道‧天文道の官），阿倍氏族曾多次擔任日本遣唐使，因此這個墓裡才會有來自中國的天文圖及四象的彩畫，阿倍仲麻呂（中文名晁衡）就是著名的遣唐使。

　　全天圓形星圖古代稱為「蓋圖」（依據《周髀算經》蓋天論繪製的圖），以赤極為中心，畫出外、中、內三個圓來劃分全天可見的星座，內圓的星靠近赤極總是在地平面上，全年可見，外圓以外的星則在地平面下，並用量出的星球相對於赤極的角度繪圖，這是中國獨特的天文圖畫法，並不像西方用投影的方法。用同樣方法繪製的有著名的蘇州天文圖，這是在南宋淳祐七年（公元 1247 年）根據北宋元豐年間（公元 1078 至 1085 年）觀測的星象，及張大樀在南宋紹興七年（公元 1137

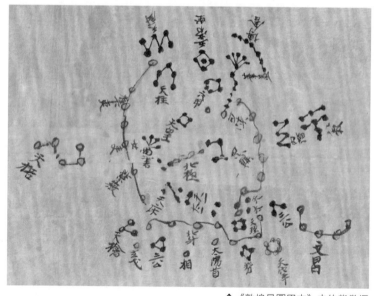

↑《敦煌星圖甲本》中的紫微垣

年）仿唐製作的〈蓋天圖〉，由黃裳畫，王致遠刻的星圖，共有 1434 顆恆星，1947 年在北京的玉溪道人也根據道家天文傳統，畫出一幅有 283 座星官，1266 顆星的天文圖，這是古代最完整及先進的星圖。

歷史事件的星象

　　古代天象的記錄可以讓我們用現代的天文電腦軟體正確找出史書上記載歷史事件的年代，例如大陸學者根據在 1976 年發現的青銅器利簋（周武王滅商時所製作）銘文中的天象，及參照《國語・周語下》的天文記錄，就可以算出周武王滅商這個事件發生的時間大概是公元前 1046 年 1 月 20 日。希臘天文家伊巴谷根據文獻上記載著名的希臘阿耳戈船英雄（Argonaut）探險隊的導航星象及歲差，算出這個探險行程的時間發生在公元前 1230 年，後來牛頓用更準確的歲差數據算出應該是公元前 933 年，他也根據這個時間點算出著名的木馬屠城（Trojan War）應該是在公元前 904 至 900 之間。聖經裡說耶穌誕生時有兩個天象：月食及伯利恆之星，從天文記錄及推算，靠近耶穌誕生時的月食發生在公元前 1 年及 4 年，因為依據聖經耶穌生於國王希律（Herods the Great）的時代，而希律王死於公元前 4 年，因此耶穌誕生時的時間應是公元前 4 年，而公元前 4 至 5 年有很亮的彗星出現，這在《漢書・天文志》裡就有記載：「漢哀帝建平二年二月（公元前 5 年 3 月），彗星出牽牛（魔羯座）七十餘日。」因此耶穌誕生的時間大概就在公元前 4 年。不過《天文志》裡的描述並不像是彗星，一些天文學家認為可能是在水瓶座方向在接近冬至時發生的超新星爆炸，在這個時候伯利恆東方上面天空的位置剛好位於銀河旁仙女星座（Andromeda）的星系，因此在那裡產生的超新星爆炸就會造成伯利恆之星的現象。

用以定季節的星星時鐘

因為地球繞著太陽轉，因此在不同季節的夜晚會看到不同的恆星，所以就可以用在特定季節出現的恆星來定一年的時間，《尚書》裡就說：「日中，星鳥，以殷仲春……日永，星火，以正仲夏……宵中，星虛，以殷仲秋……日短，星昴，已正仲冬。」就是用鳥、火、虛、昴四個星在正南方夜晚天空出現來定春、夏、秋、冬四個季節，根據大陸劉次沅與寧曉玉的計算，大概是在公元前 2001 至 2201 年之間（堯舜時期）的星象，因為歲差，現在星象已經位移了。

但天上星星那麼多，天空上又沒有座標，而且看起來又沒有什麼規律的排列，怎麼知道哪一個是什麼星，又怎麼可以用來作為一年的時鐘？為了便於觀測，古人於是用看太陽的地平面觀測方法來觀測那一個亮星在特定季節在清晨太陽尚未升起時在地平面出現（稱為偕日升，heliacal rising），或在太陽剛落入地平面時出現（稱為昏見，acronical rising）或落入地平面（偕日落），因為剛從地面升起的星光會被大氣層散射而變暗，而偕日升或昏見時還有一點陽光，因此必須用很亮的星來作觀測，澳洲原住民也是用這種方法來看星象的變化。因為亮星有限，因此比較容易用這個方法來定時間及方位，同一顆亮星會在一年後再次出現，埃及人就是用天狼星在東方出現的週期訂出一年為 365 日。中文的「星」字在甲骨文 ✦ 是地平面上在一群星出現的圖像，就是用來象徵用偕日出來觀察天象。在下面就介紹幾個和人類文明很有關係的星宿。下面就介紹一些古代著名的星象季節指標。

古代春天的星象：七仙女

昴星星群（Pleiades，距離地球約 430 光年）大概是人類最早觀測

的星球之一，這是因為昴星位置接近黃道，因此在地球各處的人們都很容易看到它，兩萬多年前舊石器時代的壁畫上已經畫有這個昴星星群，很多民族都有它的神話故事，尤其是用七仙女來描述這個星群，從亞洲、美洲、歐洲到澳洲原住民都有相同的故事，顯然是人類自古以來共同的記憶。

這個星群因為有六到七顆星相聚（實際上有近千顆的星，距地球 430 光年），所以雖然每一顆星的亮度都不很高，但整體看起來很耀眼，所以昴星星群和其他星座把沒有關係的亮星用人為想像聯起來不一樣，在聖經裡就說：「你能繫住昴星的結麼？能解開參星的帶麼？」（約伯 38:31），意思就是說昴星是結合在一塊的星群，而旁側的獵人座腰帶的三顆星（中國的參宿）則互不相干，這是因為所謂的恆星也會移動（稱為「自行」〔proper motion〕，最早是東漢張衡發現的，英國天文學家 Halley 在公元 1718 年才用望遠鏡才發現這個現象），因此恆星之間的相對位置多年後也會改變，越靠近我們的星球的移動就越明顯，天狼星就是如此。昴星星群因為形成時間只有一億年，因此星群都還聚在一起，現在以每秒 40 公里的速度移動，但因為其他星球重力的影響，昴宿星群大概再過兩億多年就會開始散開，那時候美麗的七姊妹就各奔前程了，但參宿的三顆星是一起在一千萬年前產生的，而且移動速度很慢，在很久以後還可以看到它們在一起，因此聖經的說法剛好和事實相反。

到了五千多年前人類文明進入一個新的階段，從石器時代轉入青銅時代，青銅器技術成熟，可以製造許多工具及武器，造成農業發達，人口快速成長，社會結構產生很大的變化，從分散的部落開始變成帝國的形態，蘇美、埃及、印度及中國文明都在這個時期快速發展，因此與農耕有關（春秋分）的星象就成為崇拜的對象。五千多年前在北半球看到昴星群在清晨從東方比太陽早一步升起（偕日升）就是春分的時候，告訴農夫是要開始的耕種季節了，也是雨季的開始，許多民族都稱昴星為

雨星，在一些非洲的土著稱昴星為「開墾的星」，北美切諾基族印第安人（Cherokees）就用昴星在天空的位置作農作及收成季節的指標，美洲波尼族印地安人（Pawnee）則用一個有小洞口的圓坑（kiva）來對準昴星在春分時的偕日出及冬至時的偕日落，來定農作的季節，南美亞馬遜的土著也用昴星作為雨季狩獵及採集的準則。

昴星在南半球是用來預測夏天農作時是否雨水會豐沛及會不會有好的收成，在祕魯的農夫就用昴星在六月二十四日冬至時（南半球冬天）的明亮來預測夏天耕作時是否會是乾季，美國科學家用 20 年的 NASA 衛星資料，發現如果高空有卷雲使昴星亮度降低，就會產生聖嬰現象（結果發表在 2000 年的 *Nature* 雜誌），使夏季的雨量變低，這是因為聖嬰現象使海水溫度升高，產生卷雲層而使昴星變暗，這個研究證實了祕魯農夫的實用方法（準確度 95%）。

如第二章所述，陰曆月分可以用「偕月出」（acronychal rising，也就是昏見）的恆星來訂定，當日、月時鐘有時差時，就不會在某一個月的月初看到「偕月出」的恆星，那時候就需要加閏月了，古代巴比倫則是用昴星來協調日鐘和月鐘作為是否要加閏月的依據，如果春分時當昴星出現時看到新月就不需加閏月，但如果新月過後兩三天才出現昴星就表示這個月比較長，就必須加閏月了。

馬雅的金字塔及希臘的一些神殿也是對準昴星沉落地平面的位置。馬雅的曆法和昴星團很有關係。太陽和昴星團每 52 年交會一次，馬雅人就用這個週期來訂定曆法，這個曆法週期在 2012 年告一個段落（26000 年大週期的終點），這時女神（金星，維那斯）和七仙女也在 4 月 3 日相聚在一起，而在 5 月 20 日 地球、太陽、月亮、金星和昴星團的中心（Alcyone，距地球 440 光年，亮度是太陽的 1000 倍）形成聯珠，太陽就在這一天發生日環食，在 11 月 13 日產生日全食（從南半球觀看）。

因為歲差的關係，星象每 2200 多年位移一個月，因此經過六千多年後昴星偕日升已經從春分移到夏至，在南半球則是冬至的時候（毛利人的新年，Matariki 節日，稱之為「神之眼」），南美的阿茲特克人（Aztec）也是用昴星偕日升作為新年，並舉行新火節來慶祝太陽的再生。因為星象每隔一日會差四分鐘，當昴星半夜出現在夜空中最高點時就是北半球立冬的時候，所以昴星就可以用來知道冬天即將到來，《尚書 · 堯典》就說「日短，星昴，以正仲冬」，不過這已經是四千年前在夜裡看到的星象了，因為昴宿是秋天的星象，所以古時候昴宿也稱為西陸，駱賓王〈獄中詠蟬〉：「西陸蟬聲唱，南冠客思侵」中的西陸就是用來指秋天。東晉虞喜（281-356）在發現歲差（請見第三篇）時就說：「堯時，冬至日短星昴，今二千七百餘年，乃東壁中，則知每歲漸差之所至。」（見《宋史 · 律曆誌》）在古代，在北半球高緯度的人在立冬時看到昴星在夜半空中時，就是要進入很少有陽光的季節，因為冬季及黑暗代表死亡，因此歐洲克爾特（Celt）民族就用這個星象作為準備過冬的時候，也是他們紀念亡靈的節日「薩溫節」（Samhain），這就是萬聖節（Hallowen）的由來。

　　因為冬至過後就是要進入春天，在北方緯度高的地方就是太陽再開始出現的時候，也就是太陽「再生」，現在的聖誕節就是遠古時代太陽神「再生」的節日，好像昴星會把太陽叫出來，因此在中國及北歐都是用大公雞來代表昴星，公雞就是早上把太陽叫出來，在日本《古事記》中也有類似的神話，為了把太陽神（Amaterasu）從山洞裡引出來，就在樹枝上掛了一串亮的珠寶，這一串珠寶就是昴星，因此日本人稱昴星為 Subaru（一串、一群或聚集的意思，因為昴星是一個星群，也是象徵農耕的一串稻穗），日本 Subaru 汽車的招牌就是有六顆星的昴星群。昴星的英文 Pleiades，其字源 Pleos 就是很多的意思，許多民族也都是用「一串」來描述這個星群，也可能是代表昴星偕日升時夏天萬物茂盛，

昴這個字就是「卯星」，而「卯」有茂盛的意思（《説文解字》：「卯冒也，二月萬物冒地而出象開門之形。」《晉書・樂志》：「卯，茂也，謂陽氣生而孳茂也。」）就是象徵春天到來萬物繁榮的景像。相對的，昴星在四千多年前春分偕日出的時候，在黃道對面房宿（在東方青龍；西方天蠍座）則在秋分的時候出現，所以「昴」代表萬物在春天開始生長，是春耕的時候，而「房」則是代表入房休息，也就是萬物開始凋零及隱藏，也是秋天收成的時節。

　　Subaru 汽車的招牌有六顆星，這是因為一般人肉眼只能看到六顆星，但世界上很多民族都用七仙女或一個母親帶著六個女兒的神話來描述這個星群，埃及人也是用七位女神哈索爾（Hathor）來代表，但在丹德拉（Dendera）神廟外面的哈索爾柱子卻只有六個，這是因為昴宿的形狀很像北斗七星，一般人對於北斗七星比較熟悉，所以下意識就以為昴宿應該有七顆星，為了解釋為什麼少掉一顆星，希臘人還特別編了一個神話，説其中一個仙女梅羅珀（Merope）因為愛上一個凡人，就離開她的姊妹，在猶太、印度及蒙古都有類似的神話，顯然是古代人類共同的記憶。至於少掉的那一顆星其實是北斗七星斗柄上的一顆星 Alcor，因為 Alcor 比較暗，而且位置剛好鄰近昴宿，所以看起來像在昴宿裡，變成昴宿有七顆星。

春天的星象：金牛和農耕時代

　　在六千多年前中東地區發明用牛犁田，大大的提高農業生產，因此耕牛變成很重要的資產，人們就把這時在春分時出現的星象聯成牛的形狀，就是現在的金牛座。天上昴星群是位於金牛座（相當於中國的西方白虎）的肩膀上，因此古代希臘人就以此編了一個神話（這是從更古老的神話馬亞〔Maia〕及阿特拉斯的故事轉化而來的），説天神

宙斯（Zeus，蘇美人的主神馬爾杜克）因為愛上腓尼克斯（Phoenix）美麗的女兒歐羅巴（Europa，母牛），把自己變成白牛，然後載著歐羅巴到地球上去歡愛，這個歐羅巴代表的就是昴星群，現在歐洲稱作 Europe，就是來自這個名字。事實上希臘這個神話源自克里特島（Crete），克里特島的著名國王米諾斯（Minos）就是歐羅巴和宙斯生的兒子，米諾安文明（Minoan）被認為是歐洲最早的文明，是希臘和羅馬文明的源頭，2013 年的考古基因分析證實米諾安人種和現代歐洲人相關，所以用米諾斯母親的名字來稱呼歐洲是很恰當的，你若到克里特島旅遊就會看到這個四千多年前與牛有密切關係的文明。在第八世紀時一位西班牙作家將與阿拉伯人作戰的基督教地區稱作 Europe 這個名字，後來就變成歐洲地區的名字，現在兩歐元的錢幣上就是歐羅巴騎在牛上的圖像。為什麼取牛作神話？這是因為這個神話發生在金牛座新（農業）時代開始的時候，代表人類文明進入一個新的境界。

在昴宿旁的畢宿星團（Hyades，金牛座的臉，在中國西方白虎宮）在古代中國和西方都是和雨有密切關係，偕日升及偕日落代表 4 至 5 月及 10 至 11 月的雨季，Hyades 的原意就是下雨，《詩經‧小雅‧漸漸之石》裡就說：「月離於畢，俾滂沱矣。」東漢的蔡邕在其《獨段》則說：「雨師神，畢星也。其象在天，能興雨。」希臘神話則說因為海亞斯（Hyas）死亡，他的七仙女姊妹（和昴宿七仙女是同父異母）哭泣而帶來雨水，羅馬著名詩人奧維德（Publius Ovidius NasoOvid, 43BC-18AD）也說它是雨星（Sidus Hyantis），因此如果畢宿偕日升時沒有下雨，就表示這年是乾旱年了。昴、畢兩個星宿都在金牛座，這就是為什麼昴星在人類農業

↑ 兩歐元錢幣

開始時代（金牛座時代，昴星在金牛的背上）是很重要的天象及時鐘。

昴、畢兩個星宿之間的古代稱為「天街」，日、月、五個行星就從這條街走過天關，這條「天街」就是所謂的黃道。

金牛座最亮的星是畢宿五（Aldebaran，金牛之眼，但實際不在畢宿星團裡，離地球 65 光年，亮度是太陽的 400 倍），這顆紅色的亮星在銀河中快速運行，這是英國天文學家哈雷（Edmund Halley）在 1718 年發現的，大約以每秒 30 英哩速度朝離開地球的方向運行，因此在星座的位置也會改變，畢宿五和另一顆紅色亮星心宿二（Antares，中國古代的大火）正好在黃道上的對面，也在黃道與銀河交點的附近，畢宿五在五千多年前在春分偕日出時，心宿二就在秋分點，因此古代巴比倫和波斯天文學家就用這兩顆亮星作為劃分黃道十二宮的基準點。

畢宿的形狀看起來就像是狩獵用的有把手的網，但事實上「畢」是協助周武王伐紂的畢公高建立的方國（現今陝西咸陽附近），是來自西方的羌族，因此放在西宮白虎。有趣的是金牛座的南角 al Hecka（在畢宿，距地球 417 光年，比太陽亮 5700 倍）在希伯來語也是獵網的意思，也是英文 hook 的字源，al Hecka 在中國稱為天關星，因為是日、月及行星必經之處，位於黃道和銀河的交點，日、月及五星必須在此渡河，所以稱為天關，在西方則是用南角旁雙子星座的兩個亮星，不過這個星是在黃道北邊，只能算是戍守。

天關和著名的超新星

　　al Hecka 在西方及中國都代表暴力的意思，在公元 1054 年 7 月 4 日清晨這個星的西北方發生超新星（supernova）爆炸，產生著名的巨大蟹狀星雲（Crab Nebula，10 光年寬，主要是熱氣體及塵埃，核心是中子星），這個天文事件只有在中國有正式記錄，《宋史 · 仁宗本紀》：「嘉祐元年三月辛未（1056 年 4 月 5 日），司天監言：自至和元年五月（1054 年 7 月 4 日），客星晨出東方，守天關，至是沒。」1054 到 1056 近兩年的時間就是爆炸後晚上用肉眼可以看到的時間，甚至在爆炸開始 23 天在白天也可以看到，這是人類第一次詳細觀測超新星爆炸的記錄，但史書所描述的客星位置並不完全符合現代蟹狀星雲的位置，因此一直受到西方天文學家的質疑，後來發現刻在蘇州石刻宋代天文圖上的客星位置才是正確的，這個問題才獲得解決。日本藤原定家（1162-1241，謙倉時期貴族）在他的日記《明月記》也記載這個天文景像：「天喜二年（西元 1054 年，後冷泉天皇年號）四月中旬、以後丑時、客星出觜、參度。見東方。孛天關星。大如歲星。」但這是多年後的記錄而且時間不很正確，因此可能是間接從中國得到的訊息，另外，一位住在君士坦丁堡的基督教醫生布蘭（Iban Butlan）也見到這個超新星爆炸（寫在一本 1242 年出版的書），但當時天文學相當先進的阿拉伯及印度天文學家卻都沒有記錄這個天象，西方則要到 1731 年才看到這個爆炸後的星雲。

　　世界上最早記錄超新星的是公元前十四世紀商朝甲骨上的記錄著「七日己巳夕……新大星并火」，這是發生在心宿二旁的新星爆炸，現在認為爆炸後的餘燼是編號 2CG 353+16 的星雲。在公元前 134 年，希臘的伊巴谷和中國都看到一個超新星（《漢書 · 天文志》：「元光[漢武帝第二個年號] 元年六月，客星見於房。」在這一年漢武帝用董

仲舒的意見，「罷黜百家，獨尊儒術」，是中國歷史的重大事件，現在認為這個超新星爆炸後的殘跡是一個編號 RCW103 的星雲。中國在公元 185 年（東漢中平二年）12 月 7 日在南門星宿方向也看到超新星（《後漢書‧天文志》：「中平二年十月癸亥，客星出南門中，大如半筵，五色喜怒，稍小，至後年六月消。」）這個爆炸產生的亮光維持了 20 個月，美國 NASA 在 2006 年證實這個距地球 8000 光年超新星爆炸後的殘跡（RCW86）。另一次則記錄發生在公元 393 年（東晉孝武帝太元十八年）發生在尾宿的超新星（《宋書‧卷二十五》：「太元十八年春二月客星在尾中，至九月乃滅。」）這個超新星的殘跡在 1996 年被發現，距地球大約 3000 光年。中國對於公元 1006 年 5 月 1 日（北宋真宗景德三年）的超新星爆炸也有記載，《宋會要輯稿》：「四月二日夜初更，見大星，色黃，出庫樓東，騎官西。」這是人類看到最亮的超新星，比金星還亮 10 倍，是由於兩個白矮星爆炸造成的，在古代中國稱為「周伯星」，是大吉的星象。阿拉伯及歐洲也都看到這個離我們 7000 光年極亮的超新星，日本藤原定家也記錄了這個天象，這個爆炸的殘跡是 PKS 1459-41 星雲。

超新星在科學史上也占有一個重要的地位。在公元 1572 年 11 月初在銀河旁邊的仙后（Cassiopeia）星座產生超新星爆炸，在明朝也有記錄（《明實錄》：「隆慶六年 10 月 3 日丙辰，客星見東北方。」）比丹麥的天文學家第谷的發現早了三天，因為根據亞里斯多德及當時西方宗教的看法，上帝創造的天象是不會變的，這突然產生的亮星對於從末看過或聽過超新星的歐洲人是無法理解及解釋的，因此當時的人都認為那不是一顆星，但經過第谷很仔細的量測後，證實是一個星體，這個發現一舉打破了箝制歐洲天文思想的亞里斯多德的學說，也因此啟動了歐洲的科學革命。

畢宿和相對論

　　中國古代畢宿也包括一個位在天關星北方稱為五車的星官，五車代表五帝的馬車庫，五車的名稱大概是因為這個星群看起來是一個五角形，很湊巧的，這個五車星群剛好就是西方的御夫座（Auriga），也是和馬車有關，蘇美人稱之為 Gigir（馬戰車），在希臘，御夫座是紀念發明馴馬戰車（quadriga）的英雄厄里克托尼俄斯（Erichthonius）。馬戰車大概是四千多年前由中亞印歐民族發明的，後來傳到中國，位在西邊的周人就是用中亞的先進馴馬戰車，以少擊多滅掉商朝，《詩經》裡就有不少關於周人用馴馬戰車出征的詩句。御夫座上有一個著名靠近赤極的金黃色亮星 Capella（意思是小雌羊，中國的五車二，是由兩顆亮星組成的，距地球 43 光年，北半球的第三亮星，光度是太陽的 100 倍），這是在冬天出現的亮星。

　　畢宿星團在物理學史上也占有重要的角色，1915 年愛因斯坦發表廣義相對論（General Relativity），這個理論認為光會被重力場影響產生像透鏡彎曲光線的效果，因此從太陽後面來的星光會被太陽的重力場影響產生折射，使觀測到的星球位置改變，就像我們用一個放大鏡看一個物體一樣，看到的物體位置會產生變異。但因為陽光太強，無法進行這樣的觀測，剛好 1919 年發生日全食可以遮住陽光，讓科學家可以看到視覺上太陽後方星球位置的變化，而這時太陽剛好要過天關（畢宿星團），那麼科學家就可以看到畢宿星團位置是否和太陽離開天關一段時間後，夜晚時的位置會因為折射而改變。英國的天文學家愛丁頓（Arthur Eddington, 1882-1944）及戴森（Frank Watson Dyson, 1868-1939）就進行這個實驗，結果符合廣義相對論的預測，當愛因斯坦當時被問到如果結果不符合相對論的預期時，他回答說他會替上帝感到抱歉，因為他的公式是多麼完美。但這個實驗後來受到很多批評及質疑，主要是因為太

陽的重力不夠強，產生的效果太小，而且儀器及分析技術都還不夠好，到了 1979 年這個現象才被證實，現在都是把重力非常大的星系（galaxy）當作放大鏡來研究宇宙中不容易看到的天文現象，而且用不同的星系透鏡可以在不同時間看到相同的天文現象（例如超新星爆炸）。

春天的星象：獵人和天狼

在北半球晚上昂宿從地平面升起不久後，緊接著就有三顆幾乎排成一直線的星星從地面升起，這就是中國古代著名的星宿參宿（即獵人座 Orion 腰帶的三顆星，參字的上部就是「晶」，三顆亮星的意思），參宿位在赤道圈的平面上，而且幾乎成一直線，因此地球各地的人都容易看到這三顆亮星，很多民族也都用三個什麼來稱呼它，愛斯基摩人就說是三個追熊的獵人，澳洲的原住民則說是坐在獨木舟的三個兄弟。參宿的三顆亮星大概距地球 1500 光年，亮度是太陽的 10 到 20 萬倍，大概在一千萬年前才從星塵中誕生，在參宿下方（獵人的劍）有一個在銀河裡的大星雲（Orion Nebula），這裡是從星塵產生新星的地方，現在有七百多顆新星正在這裡形成，這個星雲比我們可以看到的還大很多。

在參宿的左上方是紅色的巨星參宿四（Betelgeuse），這個星雖然只在幾百萬年前才形成，但因為快速燃燒，已經快要到它壽命的終點，將

要爆炸成為星雲了。右下方則是藍色的亮星 Rigel A（中國的參宿七），這是獵人座最亮的星，距地球大約 800 光年，亮度是太陽的 12 萬倍，這顆有一千萬年壽命的亮星也快要爆炸了。在日本平安時期（公元 704-1185 年），參宿四和參宿七分別代表平家（Heika；日語 Taira）

及源氏（Genji；日語 Minamoto），《平家物語》及《源氏物語》是日本著名的文學作品，這兩家族在平安時期的戰爭是日本史的重要事件，戰後產生的幕府變成日本的統治體制，一直到明治維新才歸還天皇。

在大約六千多年前在北半球，這三顆亮星會在春分的時候偕日出，象徵春天的到來，用來決定農耕的時間定時，埃及稱這三顆亮星為他們的主神奧西里斯（Osiris），埃及和在墨西哥迪奧狄華肯（Teotihuacan）的金字塔都是參宿在地上的象徵，中國四川三星堆遺址的三個土堆也是模擬參宿的位置。因為歲差的關係，到了兩千多年前（春秋戰國時期）參宿已是開始在秋天時出現了，到了近代，當參宿高掛在夜空時已是在冬天了，所以民間就有「三星高照，新年來到」的俗語，因為古代嫁娶都是在農忙以後的秋冬時期，《詩經・唐風・綢繆》裡說「綢繆束薪、三星在天……綢繆束芻，三星在隅……綢繆束楚，三星在戶」，就是描寫新婚晚上，參宿隨著時間往地面下落時作的星象，所以三星在戶就用來祝福新婚。

參宿在古代中國用白虎來代表（《史記・天官書》：「參為白虎」），這是「秋老虎」的源由。虎是夏人（羌族，古代的陶唐氏部落）的圖騰，羌人位於西方，而西方的代表色是白，所以也就是四象中的西宮白虎。你可能會問：住在中國西北的羌族怎麼會用白虎來作圖騰？那裡並沒有虎，而且虎的特徵是有條紋的，白虎是基因突變造成的，並不多見，其實所謂的白虎很可能是獅子的誤稱，因為歐亞和中亞民族很早就遷移至中國西北，包括陝甘一帶，在新疆發現的 3800 年前的小河美女就是印歐民族，考古也發現來自西北的周朝也有很多與印歐民族有關的文物，古羌人的墓葬中的人骨也是符合印歐民族的特徵。中亞有很多獅子，在埃及和兩河流域都是代表權威的象徵，中國因為沒有獅子就用白虎來稱呼，在中亞，女神阿斯塔特（Astarte）和西布莉（Cybele）都是由獅子作護衛或拉車，阿富汗就有女神坐在獅子拉的車子圖像的金屬盤，中國

的西王母都和虎有關，大概就是來自這個中亞女神的形像。

古代夏至的星象：天狼

參宿升上天後，接著出現的是另外一個重要的亮星：天狼星（Sirius，意思就是亮星，屬於井宿），它的亮度是太陽的 25 倍，而且距離地球只有 8.6 光年，很容易用肉眼觀察，天狼星雖然是淡藍色，但因為是在清晨觀察，受到光散射的影響而呈紅色。獵人星座的三個亮星（參宿）就是向東指向天狼星，因為靠近獵人星座，所以成為獵人的狗。

天狼星非常亮，所以有些民族就認為天狼星是「精神」太陽，天狼星自古就有很多關於它的神話，有趣的是很多不同的民族都用犬或狼來稱呼這個星，例如北美切諾基族印第安人（Cherokee）稱之為守護銀河的狗，波尼族印第安人（Pawnees）稱之為狼犬星，西伯利亞的因紐特人（Inuit）稱之為月犬，亞述人稱為太陽犬，巴比倫、波斯、希臘、羅馬及北歐人也都用狗來命名，顯然是很早以前人類在狩獵時代用這顆非常亮的星作為方向定位所留下來的共同記憶，在現今土耳其哥貝克力丘發現的 11000 年前的巨石陣神廟群（Gobekli Tepe），可能就是用來觀測和拜祭天狼星，這是因為地軸旋轉的關係（歲差），在這個時候才開始在這個緯度地方可以看到天狼星，好像一個星球剛剛誕生了。

因為天狼星偕日升前後 20 天是在夏天最熱的時候，所以在西方稱夏天最熱的時候為「Dog Days」，在比較乾旱的地方是一個不好的季節，尤其產生旱災的時候，醫學之父希波克拉底（Hippocrates）在他的著作 *Corpus Hippocraticum* 裡就認為天狼星出現時會有更多致命的疾病，而紅色的天狼星更是代表兵禍（紅色是因為偕日出時的光學效應），因此在古代許多民族都是凶險的象徵，在中國是代表外敵入侵。

天狼星在空中的位置也不是固定的，而是以每秒 15 公里的速度往南

移動，阿拉伯人稱天狼星為 al-abur，就是説天狼星曾經跨過銀河，這大概是六萬多年前舊石器時代人類留傳下來的記憶。因為天狼星在空中移動很快，所以古代蘇美人以「箭」來形容它，因此巴比倫及後來波斯都稱天狼星為「箭星」。天狼星的東南方的井宿有九顆星（在現在船尾座〔Puppis〕，在中國的井宿），古代巴比倫用想像力把這些星聯起來，像一把弓箭，把天狼星放在箭頭上，古代中國人也是把弧矢九星聯成一個弓箭，稱為弧矢九星，八個星為弓，一顆星為箭，這個弓箭剛好指向天狼星，象徵要用弓矢去射殺外敵，《史記・天官書》裡就説：「弧矢九星，在狼星東南，天弓也。以伐叛懷遠，又主備盜賊之奸邪者。」屈原《九歌》中也説：「青雲衣兮白霓裳，舉長矢兮射天狼。」古代埃及丹德拉（Dendera）神廟的星圖也是一個女神（哈索爾）張弓射向天狼星的方向（大概是受到巴比倫的影響），因此在近東及印度古文明天狼星都和狩獵有關，顯然是很多民族共有的記憶，但什麼民族開始這個神話就不得而知了。

　　但在雨水比較多的地方，夏天帶來的雨水就對農業有很的幫助，因此在古代波斯及印度天狼星都是雨神，古埃及在夏天看到天狼星的偕日升時就是尼羅河開始氾濫的日子，也就是夏至耕作的時候，所以在古埃及天狼星是生殖繁榮的象徵，在遠古埃及天狼星是他們的神阿努比斯（Annubis），阿努比斯是狼頭人身，主管死亡，後來變成他們的主星哈索爾（Hathor，後來轉成伊西斯〔Isis〕），埃及曆法就是以觀察很亮的天狼星的偕日升（「兩個太陽」聯珠）為依據，在埃及丹德拉的 Isis-Hathor 神廟內有一個伊西斯女神的雕像，女神的頭上有一顆寶石，當天狼星偕日升時就會照亮這個珠寶，讓祭師知道農耕開始的時間，可以宣布新年的到來。這個偕日升每 365 天出現一次（其實剛好是 365.25 天），所以古埃及一年是 365 天，因為和太陽年差了 1/4 天，所以這兩個時鐘每 1461 年就會相差一年（稱為「天狼星週期」，Sothic cycle），從這個週期的回算，古埃及的曆法大概是在公元前

4242 年開始。1994 年太空梭的照相發現在那布塔（Nabta Playa，playa 意思是乾掉的湖，位於埃及和蘇丹交界的沙哈拉沙漠裡）發現了七千多年前的圓形巨石陣群，這是已知最古老的星象觀測站，2004 年科學家用現代衛星技術的分析猜測這個石陣群是用來觀測公元前 6270 的天狼星在地平面偕日出的方位。

埃及特別用天狼星來作季節的標記，除了是因為天狼星是最亮的星之外，另外一個主要原因是天狼星的出現不太受歲差的影響，這是因為天狼星離黃道較遠，因此地軸的轉動對於天狼星視覺位置的影響很小。

現代天文學已經證實天狼星有一個和它環繞運行的星球，Sirius-B，這是一個白矮星（white dwarf），它是恆星演化的殘餘，它的密度非常高（大約是太陽的 92000 倍），因為亮度很低，到 1862 年才被發現，非洲多斡（Dogon）人認為是靈魂寄託的地方，北美印第安人也有類似的想法，我們不得不佩服古人觀察力之精確及細微。

7 月 3 至 7 日地球離太陽最遠，也是太陽和天狼星形成聯珠的時候，在西方天狼星代表精神太陽，也代表自由，而美國國慶剛好也選在七月四日，可能是這個原因（實際獨立宣言是在 1776 年八月二日簽定的，很巧的，在獨立宣言簽字的兩位美國總統約翰‧亞當斯〔John Adams〕及湯瑪斯‧傑佛遜〔Thomas Jefferson〕都在 1826 年七月四日去世），你如果看一元美鈔的背面就會看到一個沒有頂石的十三層金字塔，而塔的上方就有一個發光的頂石，頂石內的眼睛是「荷魯斯之眼」（Eye of Horus，代表完美），後面的光就是和太陽在夏天聯珠的天狼星，而頂石是創世的意思，13 代表獨立時的 13 州，而 13×4（金字塔有四面）= 52，就是一年的週數，共 364 天，加上頂石就是 365 天，所以就用這個符號來作國徽。美國首都華盛頓特區（Washington DC）的設計也是和天狼星有關，天狼星的埃及文字符號是由方尖塔（代表男神奧西里斯的生殖器）、圓頂（代表女神伊西斯的子宮）及一個五角星

（代表荷魯斯）三位一體組成的，從國會大廈順著華盛頓紀念碑的方向看過去正好是夏天天狼星偕日出的方向，而圓頂國會大廈及華盛頓方尖塔紀念碑分別象徵女性和男性的生殖器，五角大廈就是代表五角星。天狼星是西方祕密結社「共濟會」（Freemason）的崇拜對象符號，美國開國元勳包括華盛頓及許多著名的學者如牛頓都是這個結社的成員，洛杉磯中央圖書館的各種擺飾及設計都是根據共濟會的理念。

南極老人

　　在天狼星正南方有一顆亮度僅次於天狼星的恆星卡諾帕斯（Canopus），這是一顆超巨星，在船底星座（constellation Carina，在井宿），離地球 313 光年，比太陽大 72 倍，亮度是太陽的 13000 倍，但距離地球比天狼星遠，因此看起來沒有天狼星那麼亮。卡諾帕斯因為位於黃道的很南邊，只有在靠近赤道（北緯 28 度以南）或南半球才可以看到這顆亮星，因此在古代文明很少有對這顆星的記載，《史記・天官書》裡有提到這顆亮星：「下有四星曰弧，直狼，狼比地有大星，曰南極老人。」因此在中國稱之為「南極老人星」或「壽星」，道教稱之為「南極真君」，這個稱呼也很符合卡諾帕斯的現狀，因為卡諾帕斯已經在它壽命的晚期，星球已經膨漲產生星雲，內部則縮收要變成白矮星了。

　　在印度這顆亮星用他們的聖人阿伽提（Apastya，投山仙人）來命名，阿伽提是統一南北印度文明（Dravidian 及 Aryan）的聖人，也是印度醫學之父，他大概是南印度坦米爾（Tamil）人，因此只有在南印度可以看到的南極星就用他來命名（因為地軸的轉動，在七千多年前只有印度最南端才可以看到這顆星），在印度占星術是稱為南極老人星，顯然《史記・天官書》的記載是來自印度。

　　卡諾帕斯在一萬多年前是南極星，把天狼星和卡諾帕斯聯起來的線

指的就是正南方，像北極星一樣，這個指南時針是古代南半球民族導航的標記，南島民族在太平洋遷移時就是靠它作為重要的航海方位指標，非洲土著 Bedouin 在沙漠中也用它作方位的指標，1995 年 NASA 探測火星的太空船「水手 4 號」（Mariner IV）也是用這個星作導航。現在要找南極的位置就要用南十字星座（Crux）的延長線作為指標，南十字星座是在南半球可見的星座，因此許多在南半球的國家如澳洲、紐西蘭、新幾內亞等國家的國旗上都有這個星座。南十字星的旁邊有兩個亮星：南門二（alpha-Centauri，半人馬座 alpha）及馬腹一（beta-Centauri），南門二離地球 4.37 光年，是距我們最近的星群。

卡諾帕斯這個名字就是來自特洛伊（Trojan）戰爭故事中運送希臘船隊的導航者，據說卡諾帕斯帶領船隊抵達埃及港口，在下船後被毒蛇咬死，希臘人為了紀念他，用他的名字來命名導航的這顆亮星，並且也將這個港口稱為卡諾帕斯，著名的天文學家托勒密就是在這裡觀測天象。

亞歷山大的希臘天文學家波西多尼烏斯（Posidonius of Apameia, 135-51BC）在不同地點觀測卡諾帕斯角度差，在希臘羅德島，卡諾帕斯剛好在地平面（角度 =0），而在南方的亞歷山大城，視角是 7.5 度，他用兩地的距離（圓的弧長）及這個角度差（圓弧的夾角）來算出地球的周長大約為 24584 英哩，和現值 24901 英哩非常接近，不過這個數值是因為觀測角度差及估計地點距離的誤差剛好相抵消，誤打誤撞而得到的，後來有人用比較準確的觀測地點距離去計算，結果得到太低的值，哥倫布用了這個錯誤的值，讓他在美洲時誤以為已經到了印度！

古代春分的星象：龍、室女與天蠍

參宿是在西邊的星象，在東邊也有一個星象可以作為春天到來的標記，這就是一顆稱為 Spica 的亮星（中國稱為「角宿一」，又稱「天

門」，在室女座（Virgo），大約距離地球 275 光年，是由兩顆互相環繞的星球組成，光度大概是太陽的 2300 倍）。依據美國天文學家斯塔爾（Julius Staal）用弗恩班克科學中心（Fernbank Science Center）歲差軟體的計算，這個亮星在 4600 年前在北緯 35 度地區新年（立春）黃昏時會和滿月從地面一起升起（稱為 acronychal rising），象徵著春天的到來，後來在殷商時期將附近的星星聯成一個圖像，就是中國古代四象中的東方蒼龍，「龍」這個字其實是就是角宿等幾個星星聯起來的像形字，在《易經》中的「見龍在田」其實指的就是的亮星角宿一（Spica，龍角）及大角（Arcturus，距離地球 37 光年，光度大概是太陽的 110 倍）在春天到來時和滿月從地平面升起的天文景像（這是用滿月同時上升來標定星象的方法，稱為昏見，古代中國和巴比倫都使用這個比較方便的方法，月亮通常會經過 Spica 的附近）。不過因為大角的快速移動，從龍角位置已經移到龍頸（亢宿），所以這條蒼龍現在就變成了「獨角龍」了。

中國將農曆二月二日稱為「龍抬頭」就是這樣來的。這是蒼龍要登天的時候，也是冬天結束，大地回春，雨季開始，要準備耕作了，現在春節慶典都要舞龍，而引導龍從冬天地下（潛龍勿用）出現的「龍珠」，其實就是從地上引出角宿的滿月，所以春節舞龍的習俗就是紀念四千多年前堯舜時期農耕開始的天文景像，但因為歲差，現在春節已看不到這個天文景象了。

古代新年是在立春，立春剛好是冬天最後一夜和春天第一天開始，也就是陰陽交接的時刻，在古代都要舉行祭祀典禮，篝火野會，大肆慶祝，在漢代有唱春歌〈青陽〉（70 童男女合唱）及跳

龍和龍珠

〈雲翹舞〉來祭拜青帝（青是東方的顏色）或句芒，句芒在《山海經》裡是人面鳥身代表東方的神，這是因為東夷人崇拜鳥的緣故，漢代以後用來代表立春時萬物開始生長（「芒」就是「萌」），《漢書・禮樂志》還記載有以四言詩形式的〈青陽〉歌的歌詞，不過我們現在已經不會唱這首歌，也不知道〈雲翹舞〉怎麼跳了。立春在古代要舉辦驅鬼的儀式，這是源自古代周朝的儺祭，儺祭是用來驅鬼逐疫，祭禮時向西方撒菜芽來安慰及警告鬼疫，一年分三次在春秋及冬天時舉行，大概就是相當於我們現在上、中、下元節，到了漢朝已改成撒小紅豆和五穀（《漢舊儀》：「以赤丸、五穀播灑之。」）到了唐朝變成撒豆驅鬼，你如果到日本還可以看到這個古代漢唐立春時的習俗，日本人立春稱為「節分」（せつぶん，原來是指二至二分中間的日子），立春時有「節分祭」，就有撒豆驅鬼的儀式。

在同一個時期巴比倫也是用這個天象慶祝春耕的開始，巴比倫稱這個星座為 Ab Sin，就是處女地耕作生產作物的意思，也代表處女懷孕生子，小麥和燕麥大概是在三千多年前在近東地區開始種植，麥的種植和社會經濟息息相關，這就是為什麼在西方室女座（Virgo）是一個一手握有麥穗（Spica 就是麥穗的意思），一手握有棕櫚枝（代表慶祝）的女神像，因此這個春天女神既是穀神也是生殖神，是古代埃及、兩河流域及小亞細亞地區的主神，在不同民族有不同的名字：Inanna、Ishtar、Aphrodite、Ceres（就是英文字 cereal 的字源）、Demeter、Isis 等，希臘神話裡狄蜜特和泊瑟芬（Demeter／Persephone）的故事就是影射這個春天女神從地獄（寒冬）回到地上讓大地回春（和《易經》的「潛龍勿用」及「見龍在田」是一樣的意思），北歐人稱 Ishtar 為 Eoestre，就是在春分慶祝的復活節（Easter）的由來，所以像中國的春節過年一樣，復活節也是紀念這個四千多年前人類文明轉型時的天文景像，不過因為宗教的關係，這個節日就改訂在春分而不是在立春。

Spica 在天文發展史上也扮演一個重要的角色，希臘天文學家伊巴谷（Hipparchus）就是用 Spica 在不同時期的觀測而發現歲差的現象。

　　Virgo 在古代的原意是獨立自主、不受拘束的未婚婦女，這正是女神的形象，因此古代的女神都和這個星座有關，在希臘及羅馬因為是奴隸社會，自由是社會的特殊地位象徵，因此希臘及羅馬人根據古代中東女神的特點把女神稱作自由女神（Goddess of Libertas），美國紐約著名的自由女神像就是源自古代羅馬的自由女神，但紐約自由女神頭冠則是古代太陽神的象徵，希臘女神赫拉的丈夫就是太陽神宙斯，女神頭冠的 7 條光芒，是來自埃及智慧之神塞莎特（Seshat）的符號，女神手上拿的火炬則是象徵普羅米修斯向天神偷火種給人類，代表啟發及希望。在美國國會大廈的頂端另外還有一個自由女神像，頭上環繞著 12 個五角星，代表黃道十二宮。

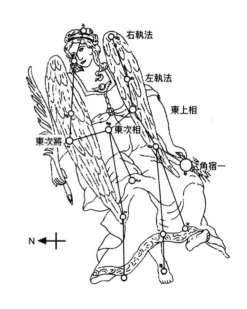

右執法

左執法

東上相

東次將　東次相

角宿一

N

　　在義大利文藝復興時期波提切利（Sandro Botticelli）的著名畫作〈春天〉（*Primavera*）裡，中間的女神就是阿芙羅狄蒂（Aphrodite），而在她左邊的三個仙女（three graces）代表著月亮（三個面相），而右邊穿著畫滿花衣服的是春天懷孕要生產的女神，女神旁邊是負責開花結果的仙女克洛莉絲（Chloris）及春風（Zephyrus），這不就是 4500 年前春天時滿月引導 Spica（角宿，Virgo）出現的景像嗎？至於在最左邊的男仕代表愛馬仕（Hermes Trismegistus），他原來是埃及智慧之神（可能是 4700

年前埃及的智者印何闐
〔Imhotep〕），是文字
的創造者，正是代表人類
文明的新世紀，愛馬仕的
著作 Hermitica 在文藝復
興時期變成很流行，因此
波提切利就把他畫進來，
圖中愛馬仕在摸橘子（見

拙作：《廚房裡的秘密》）影射的就是亞當吃「智慧之果」的故事。

因為歲差的關係，到了二千多年前商、周時，角宿的星象已無法作為春節的依據，而在夏天出現，因此就必須改用比較晚出現的亮星——心宿二（Antares，天蠍座的「心」），距地球 570 光年，是一顆超巨星，比太陽大 883 倍，亮度是太陽的一萬倍，現在這顆星已快到它壽命的終點，不久就要爆炸成為超新星了，心宿二以每秒 20.7 公里相對速度在銀河中運行，古代中國稱之為「大火」（殷商的大火包括心宿二及其兩旁的兩顆小星 sigma 及 tau），當大火在三千多年前（殷周時期）黃昏時從地平面升起時就是春天到來的時候，當大火升到空中時就是夏至的時候了，所以商朝設有「火正」的官職就是專門觀察大火這顆恆星，在山西博物館有一個殷商晚期的龍形觥（見第二章），上面就是大火的星象。但後來因為歲差，到了中國春秋戰國時期大火已不在春分時出現，我們現在是在初夏晚上時才會看到大火這顆恆星。

在中國傳說中燧人氏在春天看到大火偕日出（《路史》：「昔氏燧人氏作，觀乾象察辰心而出火。」）推算起來這已經是 15600 年前的天文景像了，不過這個天象的記憶就變成古代中國的祭典，《周禮》：「季春出火，民咸從之，季秋內火，民亦如之。」春天到的時候要在野外燒火（在農耕時期可以肥沃農地，這也是殷商時的祭典），秋天開始

冷的時候（大火星西下），就要在屋內燒火了。有趣的是 15600 年前恰好也是地球冰河期開始要結束的時間點，科學家發現這時地球變暖和是因為銀河的核心產生一次爆炸產生的塵埃、宇宙線及電磁波使太陽變得更活躍的緣故，因為在 15800 年前從地球看銀河的核心剛好位在 Spica 和射手座（Sagittarius，又稱人馬座）中間，因此看起來這個爆炸的方向就是從射手座順著 Spica 方向射出來的，這大概就是為古代民族將射手座星群聯成一個射手的形態，而箭頭的方向就是銀河的核心。15600 年前這個重大天文事件顯然就是促進人類開始從舊石器時代開始轉型成新石器時代，並開始發展初期的農業，埃及丹德拉神廟的天文圖可能就是這個時候的天文景象。科學家現在發現在人馬座裡有一對星球，在幾十萬年後會爆炸，到時產生的高能量加瑪射線就會衝向地球，造成巨大的災害。

　　大火在三、四千年前秋分黃昏從東方出現時也是參宿向西方偕日落的時候，好像兩個是仇人，互不相見，為了方便農民記憶中國古代就編了一個故事，説大火和參星原來是親兄弟，大火名字叫閼伯（就是商族的先祖昭明，也是火正，遷都商邱），參星名字叫實沈（夏族的部落首領），兩兄弟因為常常打架，父親高辛氏就把他們分開來，閼伯被送到商丘，而實沈則被遷到大夏，永不再見面，高辛氏讓閼伯專門觀測大火星，而遷到大夏的實沈則主管參宿。（《左傳‧昭公元年》：「昔高辛氏有二子，伯曰閼伯，季曰實沈，居於曠林，不相能也，日尋干戈，以相征討。後帝不臧，遷閼伯於商丘，主辰。商人是因，故辰為商星。遷實沈於大夏，主參。唐人是因，以服事夏商。」）杜甫的詩：「人生不相見，動如參與商。」典故就是來自這個天文現象的神話故事。這個故事一方面説明季節的天象，一方面敍述古代在東方的東夷族（商族）和在西方的羌族（夏族）的互動和競爭。

　　在西方也有類似的神話故事，希臘的神話就説獵人和天蠍是仇人，

在天空互相追逐，更古的巴比倫也是用納布（Nabu 西邊，司秋，智慧及書寫之神，馬爾杜克之子，原來是西邊閃族的神，後來融入蘇美人的信仰）和馬爾杜克（Marduk 東邊，司春）兩個對立的神來代表，和商人類似，蘇美人也稱心宿二為火神 Lisi（Antares 的原意就是「像火星」），巴比倫人則稱之為 Urbat（穀神），大概就是中國的「閼伯」的來源，因此巴比倫可能是這個神話故事的源頭，商人自認是閼伯之後，崇祀大火星，現在大陸睢陽古商丘城的火神臺（閼伯臺）就有閼伯的塑像，商人崇拜蠍為生殖神，萬字在金文就是寫成蠍子的形狀卐（北周永通萬國錢幣的萬字就是蠍子的形狀），祭祀時要跳「萬舞」，所以商人以蠍為圖騰（在以前商丘一帶還有蠍子廟）。東方蒼龍中的房心尾三宿其實就是來自天蠍，房是天蠍的雙螯，心宿就是天蠍的心，尾則是天蠍的毒刺，大火古代又稱心宿，《開元占經》引石申：「心為天相，一名大辰，一名大火。」而蘇美人自稱為「ang sang siga」，sang a 是他們的祭師，是否和殷商有關，就有待進一步研究了。大夏（To-Ha）可能是印歐民族吐火羅（Tocharian），遠古時候居住在中國山西一帶，有人認為吐火羅人是從巴比倫的古提族（Guti，四千多年前曾統治過兩河流域一百多年）的一支移民到中國西部建立夏朝的，因此以在東方的大火來代表住在東邊的商民族，而以在西方的參宿代表住在西邊的夏民族。

閼伯和實沉的故事其實就是代表古代農業社會兩個重要的時間點：春秋分，春分代表大地復甦，可以開始農耕，但農作物是否豐收則要等到秋分收成的時候，因此春秋分在古代都是重要的節日，閼伯代表的是在東方的東夷族聯盟，圖騰是龍（《左傳》：「太昊以龍紀。」太昊是古代東夷族的大首領），而實沉代表的西方羌族群，圖騰是虎，因此中國星象最早就是分成東方青龍及西方白虎（青及白分別代表春、秋的顏色），1978 年出土的戰國時期曾侯乙墓漆盒上就畫有青龍及白虎。

因為春、秋分是古代最重要的節日，國家都有重大的典禮及祭祀活動，所以「春秋」就用來代表政府的大事記，也就是歷史。

心宿二

在古代巴比倫這兩個節日稱為 Akitu（蘇美人語是大麥的意思），在春分新年的慶典中國王要懺悔、受罰，也有迎神的活動，現在亞述人及迦勒底人（Chaldean）的後代仍有這個過新年的節日傳統，依據他們的傳統西元 2015 年是他們的第 6765 個 Akitu 新年（公元前 4750 年蘇美人在烏爾〔Ur〕建立亞述神廟作為他們第一個新年），也是中國黃曆第 4712 年。

古代秋分的星象：天秤

在大火代表的天蠍座和角宿代表的室女座之間還有一個位在黃道上的星座：天秤座（Libra），在四千多年前的秋分太陽剛好經過天蠍座的兩隻巨螯（在東方蒼龍的房宿），因為這一天日夜平分，日月和諧，因此巴比倫人就用天秤來代表這個新的星座，天蠍的兩隻巨螯就變成天秤的兩個秤盤，秤盤原始的意義就是用來秤及計算收成的穀子，英磅（Pound）的簡寫 lb 就是來自 Libra 的縮寫，天秤座是黃道十二行宮中唯一不是用人或動物代表的星座，後來羅馬人將這個星座演變成為公平正義，他們將希臘的正義女神阿斯特莉亞（Astraea）塑成一手拿着天秤（公平正義），一手拿著劍（執行力）的形像，現在世界很多法院都有這樣的雕像。

古代夏至的星象：獅子

　　位於室女座和北斗之間還有一個在獅子座 Leo 最亮的恆星群 Regulus（軒轅十四），這是獅子座之「心」，主要的是一個亮星 Regulus A，離地球 80 光年，亮度是太陽的 150 倍，從北斗的天璣及天權直線延伸就是 Regulus，這顆亮星位於黃道上，在 10000 年前冰河時期結束時是春分時的指標，由於歲差的緣故，在四至六千多年前已經變成夏至的指標（現在是秋天的時候偕日升），因為在黃道上，在四千多年前夏至偕日出時就在太陽的旁邊，因此古代埃及在這個方位的地方（Heliopolis）建造太陽神廟。在清晨時紅色天空這個星群顯得特別紅亮，古代巴比倫和埃及稱之為火焰星，夏天的時候尼羅河氾濫，因此這顆紅色的亮星和天狼星的偕日升就成為農耕開始的重要指標。在現在春天的夜晚可以看到 Regulus、Arcturus 和 Spica 三顆亮星形成一個三角形，稱為春天三角（spring triangle），從 Spica 到 Regulus 的聯線幾乎就在黃道上。

　　因為四千多年前 Regulus 在太陽最亮的時候（夏至）偕日升，因此在古代埃及是代表太陽神，他們的人面獅身像（Sphinx）就是國王的化身，而巴比倫的占星術將 Regulus 作為帝星，在中國也是如此，巴比倫對 Regulus 就作了很仔細的觀測，伊巴谷就是用利用巴比倫對 Regulus 及 Spica 在不同時期的位置記錄而發現歲差的現象。公元前 2 至 3 年木星因為兩次逆行

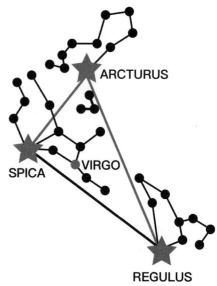

的緣故和 Regulus 連續發生三次交會，因為這兩顆星都很亮，交會的時候在夜空就會出現很明亮的星象，有人認為可能就是聖經所説引導三位智者（Magi，中亞祭師）到聖嬰的星象。

獅子座還有一個愛情故事，著名的羅馬詩人奧維德的著作 *Metamorphoses* 裡描述一對相戀的情侶皮拉穆斯與提絲蓓（Pyramus 及 Thisbe，其實這個故事來自小亞細亞的奇里乞亞〔Cilicia〕，人類古文明發源地之一，聖徒保羅就是在這裡出生），他們因為家人反對，決定私奔，他們約好在一個桑樹下會面，女孩提絲蓓先到約會點，剛好遇到一隻獅子，嚇得趕快跑掉，但把她的手巾丟在地上，當皮拉穆斯到了約會地點看到滿嘴都是血的獅子及提絲蓓的手巾時，以為提絲蓓已經被獅子殺死吃掉了，悲哀不已就用劍自殺，提絲蓓回來時看到皮拉穆斯的屍體也用劍殉情了，這個故事後來被莎士比亞放在《仲夏夜之夢》戲劇中，著名的《羅密歐與茱麗葉》（*Romeo and Juliet*）就是來自這個典故。

后髮和南魚

獅子座和北斗之間的后髮座（Coma Berenices）就是提絲蓓的手巾，Coma 是髮的意思，因為這個星座是一群不很亮的星及許多星系組成的，糊糊的看起來像一撮頭髮，在中國是輔衛紫微宮的「東四輔」、「郎位」、「郎將」等。后髮座最亮的星離地球只有 30 光年。這個星座的名字來自西元前三世紀埃及皇后貝倫妮絲（Berenice），貝倫妮絲用她的頭髮獻神，希望國王能戰勝回來，但後來頭髮失蹤使她大為震怒，當時的一位聰明的天文學家為了平息她的怒氣，造了一個神話説神很喜歡她的奉獻，把她的頭髮放在天上，就是后髮座。

相對於 Regulus 的夏至指標，四至五千多年前西方的冬至指標是一個稱為 Fomalhaut（魚嘴的意思）的恆星，位在南魚座（Piesce

Austrinus）的魚嘴的位置，波斯的四大皇星之一，中國稱為北落師門，因為像長安的北落門，屬於北宮玄武的室宿。Fomalhaut 是一個相當年輕的恆星，只有 4 億年，距地球只有 25 光年，因為在銀河星系之外，因此顯得很孤單，Fomalhaut 現在已經變成在北半球秋天夜晚出現了。Fomalhaut 是第一個被發現有行星的恆星，在 2015 年這顆行星被命為 Dagon，因為 Fomalhaut 在古代亞述人是他們半人半魚的生殖神 Dagon，蘇美人稱之為水神及智慧之神 Oannes，Oannes 是帶給人類文明的神，Dagon 可能是相當於蘇美人大洪水後的第一代君王 Uruash，紀念大洪水時幫助人類存活的神。聖經裡著名的參孫（Samson）推倒的就是非利士人的 Dagon 神廟，中國在半坡遺址也發現一個人面魚身的彩陶盆，有趣的是在《山海經 · 海內南經》也有人面魚身的氐人國，人面魚身也是河神（見《尸子輯本》），Dagon 是古代敘利亞北部烏加里特（Ugarit）民族的主神，他們稱之為 Dgn，和氐人的音相似。

Chapter 2 /

協調日、月的北斗時鐘

　　人類在農業發達之後，種植的作物變多，不同的作物需要在不同的時候耕作，而且人口增加並且集中，各種社會活動頻繁，四個刻度的季節時鐘已不符合需求，天文學家就開始尋找制定有更多刻度的時鐘，在西方及中國就產生兩種用天上星球來細分季節時鐘的方法，就是本章及下一章要描述的北斗及十二行宮天文系統。

　　用地平面升起作為觀測星象的方式主要是因為地球自轉和繞太陽運轉的關係，在赤道附近的人都會看到恆星在平面直直升起及下落，因此在接近赤道的人這是很方便的方法，但住在高緯度的人對天象會有另外一種感覺和看法，假設你在北極（地球自轉的軸心），在冬天沒有白天時你會看到天空上的星星會繞着北極上空的一點（赤道面的軸心，稱為赤極或天極）每天作一次圓周旋轉，這就像天空上掛了一個時鐘，一顆在赤極旁的亮星就是時針，旋轉的位置就可以用來定一天的時間，而赤極旁邊的星象方向又會隨地球繞太陽轉時產生變化，因此又可以作為一年的時鐘。

因為在赤極旁的北斗七星非常顯目，因此在古代住在北方的民族就用它來作為定季節及月分的指標，從天璇星（Dubhe，7千年前的北極星，距地球123光年）聯到天樞星（Merak，距地球79光

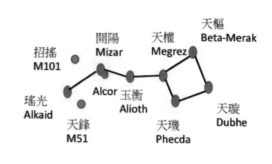

年）的延長線（指針）方向就是赤極的位置（鐘指針的中心點），因為赤極位置沒有亮星，因此就用很靠近赤極的亮星作為赤極的位置，所以這條線就用來作為時鐘的指針來定時（不過古代中國習慣用斗杓的方向作為指針），美國阿拉斯加州的州旗就是北斗七星和北極星作為旗徽。

因為地軸自轉週期和日夜週期每天差了3分鐘，每隔一個月在我們鐘錶的同一時間，這個北斗指針就會在這個24小時刻度的北斗天鐘上大約往逆時鐘方向位移2個小時的刻度，所以古代中國就是用這個北斗天鐘來定季節及月分（所謂的「斗建」），《鶡冠子》裡就說：「斗柄東指，天下皆春；斗柄南指，天下皆夏；斗柄西指，天下皆秋；斗柄北指，天下皆冬。」也就是在黃昏滿月升起的時候，斗柄所指的方向來定季節（二分二至4個刻度的時鐘）或月分（12個刻度的時鐘）。《淮南子‧天文訓》裡則說：「帝張四維，運之以斗，月徙一辰，復反其所。正月指寅，十二月指丑，一歲而匝，終而復始。」很多住在緯度比較高的民族都有這樣的構想。相對於季節或月分，北斗所指的方向也可以用來定在地面的方位，這種觀察就讓古人把時間和空間的概念聯起來，北極上空也劃分為四個或十二個方位（就是十二地支），而不同月分就用不同地支的名字來稱呼，例如正月就稱為寅月。

北斗時鐘的指針

中國用斗杓的方向來作指針大概是因為斗杓上的星數較多，在作延長線時要比只用斗魁上的兩個星的準確度好多了，但問題是杓端的瑤光星（Alkaid，距地球 100 光年）並不和在斗杓上的其他星成一直線，因此古代中國用在瑤光星旁的一個暗星「招搖」和其他杓星來作延長線，因此在杓端的「招搖」就被用來作為時鐘的指針來定月分及方位（《淮南子‧時則訓》：「招搖，斗建也。」）「招搖」是斗柄左右兩顆暗星之一，《史記‧天官書》：「杓端有兩星，一內為矛，招搖；一外為盾，天鋒。」這是古代中國文獻裡北斗「九」星的系統，陶宏景《冥通記》裡就說：「北斗有九星，今星七見，二隱不出」。事實上我們現在知道「招搖」和「天鋒」分別是兩個星系（galaxy），「招搖」是 M101 星系（Pinwheel Galaxy，風車星系，距地球 2 千 2 百萬光年，大小和銀河星系差不多，大熊座的 15 星系之一），「天鋒」是 M51 星系（Whirlpool Galaxy，漩渦星系，距地球約二到三千萬光年），因為都距離地球很遠，不容易用肉眼看到，所以後來就只用北斗七星來稱呼。M101（招搖）在 1781 年才被著名的法國天文學家梅尚（Pierre Mechain, 1744-1804）用望遠鏡發現（梅尚量測北極到赤道的距離與現值比誤差只有 1.6×10^{-6} %），M101（招搖）因為距離非常遙遠，用普通望遠鏡都不很容易看到，2011 年 8 月在這裡就產生一個超新星爆炸。另外在緊接北斗開陽星（Mizar）的旁邊有一個小伴星 Alcor（和開陽星一起互相環繞，相距只有 3 光年，中國的「輔星」，在日本稱為「壽命星」，因為日本古代認為如果看不到這顆星，在一年內就會過世），這個小星在在山東武梁祠石刻壁畫中的北斗七星開陽星旁就可以看到，在這裡就不得不佩服古代中國天文學家的眼力及非常詳細的觀察。

從北斗柄的招搖及瑤光延伸就是一個亮星：大角星（Arcturus），

因為在大熊座旁，西方稱之為熊的守護者，位在牧夫座（Bootes），距地球 37 光年，因此中國古代就用大角作為北斗的時針的針頭，《史記·天官書》就說：「大角者，天王帝廷……直斗杓所指，以建時節。」大角又名「格」，在它的左右各有三顆星，稱為左、右攝提，所以在古代中國合稱為「攝提格」，其實就是現在的牧夫座。大角是夜空的第四亮星，亮度是太陽的 113 倍，大角是一個很老的星球，大概已有一百多億年的歷史，現在已經進入壽命的終點，它以每小時 43 萬 9 千公里的高速的從垂直銀河星系的方向移動，因此在古代中國星宿系統就從角宿（蒼龍之角）位移到亢宿（蒼龍之頸），在西方也從室女座位移到牧夫座，再過幾百萬年我們就看不到這顆星了。

許多人對於「攝提」及「攝提格」這個不像漢語的名稱感到相當迷惑，因為大角和攝提本來都在室女座，上面第 4 章已提提到巴比倫以他們的女神 Ishtar 代表室女座，「攝提」這個名字就是 Ishtar 的譯音，而「格」是阿卡德語「星」（kakkabu）的譯音及簡稱，阿卡德帝國（Assyria, 1250-612BC，商末到春秋時期）是公元前 2400 年在兩河流域繼蘇美人建立的國家，顯然中國在東周時就已引進兩河流域的天文觀念。Ishtar 女神在亞述帝國（Assyria，公元前 1250-612，商末到春秋時期）時期是帶著弓箭的戰神，因此「攝提格」後來也變成太歲紀年中「寅」年的名稱（寅的原義是箭矢，甲骨文寫成 ↕ ）。在 1933 年芝加哥世界博覽會就用望遠鏡將大角星的光照在剛發明的光電板來啟動博覽會。

北斗與黃帝

北斗七星是遠古時代人類就觀測的天象，在西方是屬於大熊座（Ursa Major）的一部分，這是因為熊會冬眠，在春天時重新出現，好

像會重生，在遠古壽命無常的時代這是很令人羨慕的能力，因此在歐亞大陸北方以狩獵為生的民族及北美印第安人都把熊作為再生女神來崇拜，在中國東北及日本原住民阿伊努人（Ainu）仍有熊崇拜及熊祭，巫師（Shaman，薩滿）也都披熊皮作法事，中國儺祭裡的巫師（方相）就是蒙著熊皮作法（《周禮・夏官・方相氏》：「方相氏掌：蒙熊皮，黃金四目，玄衣朱裳，執戈揚盾，帥百隸隸而時儺，以索室驅疫。」）很多民族也都以熊作為圖騰，中國紅山文化及後來的商周時期都有熊的文物，古籍文獻也有很多與熊有關的記載，住在燕北的黃帝氏族就是有熊氏（《史記・五帝本紀》）。

　　黃帝氏族就與北斗有很密切的關係，《史記・五帝本紀》記載黃帝出生前兩年：「母曰附寶，之郊野，見大電繞北斗樞星，感而懷孕，二十四月而生黃帝於壽丘。」這個在北斗的電光就是在大約在六至八千年前（興隆窪文化到紅山文化時期）一個恆星膨脹並噴放帶電氣體時產生的亮光，發生後產生的星雲因為形狀像貓頭鷹的臉，因此稱為貓頭鷹星雲（Owl Nebula，M97，距地球 2030 光年），這個時間點大概就是傳說中黃帝氏族的年代，貓頭鷹星雲從地球上看去，剛好在北斗天樞星的旁邊，發生後的亮光大概持續兩年，所以《史記》才會說二十四月而生黃帝，這個特殊的天象就成了有熊氏族的圖騰，所以黃帝「以雲紀，故為雲師而雲名」（《左傳》），也以天樞星為圖騰（《軒轅黃帝傳》）。因為古代看到北斗會繞著赤極轉，因此北斗在一些民族（例如巴比倫、埃及、斯拉夫、日爾曼等民族）都認為是在赤極上帝的座車，《史記、天官書》裡就說：「斗為帝車」，這大概就是為什麼黃帝最早是稱為軒轅氏，而黃帝在漢朝時也就變成北斗神。

　　根據埃及人的記載，大約在公元前 2700 年，當埃及在征伐反叛的利比亞時，天空一個星球突然噴出大量星雲，看起來好像紅色憤怒神的臉孔，嚇得利比亞人就棄械投降了，根據美國考古學家麻斯（Bruce

Masse）的研究（發表於 *Nature* 雜誌，2000 年），這個可怕的神臉就是有兩個大眼睛的貓頭鷹星雲。如果依據這個說法，這個戰爭發生在法老王斯尼夫魯（Snefru）的時代（公元前 2613 至 2589 年），那麼黃帝大約生於這段時間，和中國的傳統說法大約一致。

　　黃帝的孫子顓頊也是因為母親看到天空中有「瑤光（Alkaid）之星貫月如虹」（《宋書‧符瑞志上》）的異象，並因此心有感而懷身孕，才生下顓頊，瑤光星的附近有幾個星系，這些星系裡常有超新星爆炸，顓頊母親看到是否就是一個超新星就有待研究了。

　　因為北斗七星是位在天道的中心，也是天道運行的準則及規律，因此古代都有日、月、北斗祭典，而且在古代天道與人道對應，有規律的天道就是人道運行應該遵循的準繩及模範，這是由北斗天象引申出來中國特有的哲學思想，這個觀念也應用在宗教及建築，明朝北京城紫禁宮內七個宮殿的設計就和北斗有關，古代從事天文觀測的道教就繼承了這個傳統，道教裡就有很多和北斗有關的神（玄天大帝）、器物及儀式，因為相信死後靈魂會經由北斗回歸天堂（上帝的位置），因此葬禮就和北斗有密切關係（例如墓裡畫北斗、放七星板等習俗），從這裡可以看到北斗的天文觀念對中國文化有很深遠的影響，這是中國特有的現象。

北斗時鐘的季節刻度與萬字紋

　　把這二分二至四個季節北斗星的方位畫在一起就成了「萬」字紋（「卐」字，Gammadion cross，Swastika），這個符號的中心就是赤極，「萬」字有左旋或右旋兩種符號，看是聯接北斗的頭或尾，這個符號是印歐民族的共同記憶，在七千年前巴爾幹半島多惱河流域的文卡（Vinca）文明的器具及文字上就已經有這個符號，文卡文明是最早發明文字及車輪並使用銅器的文明，他們可能就是蘇美人的祖先。中國仰

韶文化及馬家窯文化彩
陶上也都有很多這個符
號，在臺北故宮的仰韶
時期陶器就可以看到。
「萬」字後來變成佛教
及納綷的符號。這個
符號因為和定農耕季節
有關，因此一些民族稱
北斗七星為「犁」，而
「萬」字紋就用來代表
豐收及多產的意義，也
代表幸福。中國及非洲

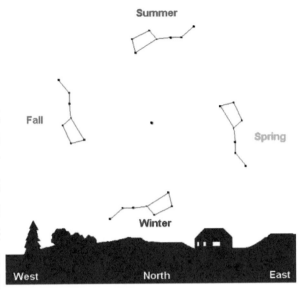

西部土著則稱北斗七星為舀水用的杓，古代杓是切半的葫蘆作的，美國
1928 年的一首民謠〈跟著葫蘆杓的方向〉（*follow the gourd*）就是紀念
南部黑奴依靠者北斗作方向指標脫逃到北部。

　　為什麼要用「卐」來代表「萬」的符號？這是因為「萬」字本來是
代表蠍子（見上一章），蠍子彎曲的雙螯就像「卐」的形狀，因此才用
「萬」來代表，而且蠍子生殖力強，每一隻母蠍可以生出多到一百隻幼
蟲，小蠍子直接從母蠍生出來，而且附在母蠍的背上，很像人類，從所
以「萬」字就引伸為多的意思，也代表生殖意義，在兩河流域蠍子也代
表繁盛。在沙漠地區的蠍子會冬眠，春天才出現，因此蠍子也代表春分
時的再生。

北斗：魂歸之處

　　北斗七星因為在赤極旁邊，因此在北半球一年四季都可以看到它，

不會隱入地下，在古代埃及就認為是永生的象徵，是國王死後魂歸之處，所以在法老王死後都要舉行一個儀式，用象徵北斗七星形狀隕鐵作的禮器來打開法老王的嘴及眼睛，讓法老王的靈魂能夠永生，隕鐵是埃及人崇拜從上天來的神物（見第四篇）。古代中國有「北斗注死，南斗注生」之說，這是來自東晉干寶所著《搜神記》中的故事，因為古人認為靠近赤極上帝（天堂）的北斗七星是魂歸之處，因此才有北斗注死的觀念，所以古代棺材裡要放七星板（《顏氏家訓》：「吾當鬆棺二寸……床上唯施七星板。」）讓靈魂能夠進入天國。在道教南斗星君則是主生命之神，在西方人馬座（南斗）及天蠍座的中間，也是靈魂投胎的關口（神關），這大概是因為古代文明認為太陽在冬至在銀河女神生殖道（神關）出生是有非常重大的意義，馬雅曆法的 2012 年冬至週期終點就是太陽重新在冬至出生的時候，因此才說「南斗注生」。

赤極：上帝的居所

從赤極看天象會讓你覺得宇宙好像有一個軸心，所有的星星都繞著這個軸心旋轉，宇宙都是繞著天柱作不停的旋轉，順著天柱上去就是至高天神住的地方，因此住在靠近北極的民族都有一個天柱、天樹、天竿及天梯的概念，巫師都是想藉著天梯到達天堂去和上帝溝通。北方民族就想像那個在北極上方不動的點就是宇宙主宰住的地方，古代住在北方的中國人就稱之為「太一」，《史記・天官書》裡就說：「中宮天極星，其一明者，太一常居也。」

「太一」也變成古代中國的主神，也就是上帝，所以《周禮》裡說：「昊天上帝，又名太一。」商朝始祖湯就是用這個名字（太乙）。「帝」這個字其實就是在三千多年前為了找出赤極的位置（因為赤極位置沒有亮星），又因為歲差的緣故，在古代有一段時間正北方向位移到

紫微右垣一及勾陳一中間，因此沒有北極星，《莊子‧列禦寇》就說：
「太一形虛」，把赤極旁的紫微右垣一、勾陳一及其他星聯起來去得到
一個中心交叉點（天極）的圖形「乑」，就用來代表上帝居住的位置。
「太一」也成為道家的哲學基礎，變成宇宙之始、萬物之源（《呂氏春
秋》：「萬物所出，造于太一，化為陰陽。」）西方也有類似的思想稱
作「Monad」，「太一」也就是道教中的「玉皇大帝」，也是聖王的準
則，而季節的決定是由「太一」轉動北斗來決定。相對的，在赤道附近
的民族，因為時辰及季節都以太陽為中心，所以太陽崇拜就很普遍。

　　為了方便記憶及定時辰中國古代就把天際分成九個區域，赤極附近
的星象就是中國星象分野的中心，這個區域分成三個部分稱為三垣：
太微垣、紫微垣及天市垣，紫微垣在中間，以赤極為中心。中間紫微垣
是天帝的宮殿，裡面的星都是以官來命名，太微垣就是政府所在的位置
（相當我們的行政院），星也是以官來命名，五帝座位於太微垣的中心，
是天帝辦公的五個廳室（相當於中國古代的明堂），位於西方的獅子座，
其中的亮星五帝一就是 Denebola（獅子座 beta，距地球 36 光年，春季
大三角中的一顆星）。天市垣則是交易市場，所以三垣顯然就是一幅首
都的圖像，天市垣中的星官都以國名命名，如晉、鄭、周、秦等，其中
河間是漢高祖時的郡名，因此詳細的三垣系統大概是漢以後才建立的。

　　商朝和周朝的祭典和宮殿都是依據赤極（上帝）的方向及星球的排
列來規劃，宮殿和墓都是朝著太一的方向（依據上述「帝」的方法找到
正北方向，但因為地球軸心轉動的關係，已與現在正北方向差了一個角
度），因為太一是天帝所在的位置，因此環繞著天帝的星星就稱為「星
官」。中國古代皇宮都以紫微垣作為象徵，根據古代《三輔黃圖》的記
載，秦朝阿房宮：「以則紫宮象帝居，渭水灌都以象天漢（銀河），橫
橋南渡以法牽牛。」北京故宮也是稱為紫禁城。

　　紫微垣的「紫」是皇室的表徵顏色，在古代東西方都是如此，這大

概是因為紫色色素在自然界非常稀少昂貴的緣故，不過在秦始皇陶俑上面發現一種用矽酸化鈀銅的紫色色料（BaCuSi2O6，現在稱為 Han purple），這顯然是經過人工作成的色素（用石英、銅及鈀礦石的混和物加熱到 1000 度以上），這個人工色素的化學組成和古代埃及的藍色素非常相似，只是把埃及色素中的鈣換成鈀，不過這個色素大約是在西周初年時中國獨立發展出來的，它有非常特殊的物理和化學特性，許多材料科學家都對它感到興趣，希望找出特殊的科技應用（如超導體）。

紫微的「微」是昏暗不明的意思，這是因為在赤極的方向是往銀河的外面看，那個方向的星都非常遙遠，用肉眼是看不到的，商族的一個重要的先祖上甲微（商湯的六世祖，商人習俗用出生時辰取名，大概是因為在晚上生的，所以稱「微」），是商人隆重祭祀的祖先，是否因為如此所以才用紫微在標記天帝所在的赤極就有待考證了。

紫微垣位於西方的「天龍座」（Draco Constellation），在 4700 年前 Thuban（紫微右垣一，alpha Draconis，距離地球 303 光年，亮度是太陽的 250 倍）最近赤極，是人們用來作定位的北極星，紫微右垣一旁邊有一個比較暗的星，因為在 4700 年前靠近赤極，在中國古代稱為天乙星（10 Dragonis，距離地球 371 光年，亮度是太陽的 840 倍），就是命理學裡的太乙貴人。四千七百至四千九百年前是埃及、兩河流域及印度哈拉帕（Harappan）文明開始興盛的時候，也是傳說中的三皇及黃帝時代。天龍座最亮的星是 Eltanin（Gamma Draconis，天棓四，守衛赤極的兵器，距離地球 148 光年，亮度是太陽的 600 倍）是在天龍的眼睛位置，公元 1728 年 James Bradley 用這顆星的星光變動證明哥白尼的地動學說。

大約在公元前 1793 年左右，北極星從天龍座的右樞（Thuban）開始換成小熊座的 Polaris（勾陳一，又稱北辰，距離地球 434 光年，亮度是太陽的 4000 倍），這段時期地球氣候產生相當大的變化，公元前

1790 年大概是中國夏朝第十三位王胤甲（廑）在位的時候（也是著名的巴比倫《漢穆拉比法典》碑建立的時候），這時中國產生旱災（《竹書紀年》：「天有襖（妖）孽，十日。」）接著在公元前十七世紀又發生幾次地震，在夏桀的時候就有兩次地震（世界上最早的地震記錄），大概因此造成夏朝的衰亡和商人的興起。在印度北部這時也是旱災，造成哈拉帕（Harappan）文明衰亡及遷移。中東地區在公元前二十一世紀也產生旱災，造成阿卡德帝國（Akkadian）衰亡。

黃極和天龍

　　恆星繞著赤極轉的圓形軌跡就是中國赤道的概念，這是中國天文學的基本概念，相對的，日、月、行星則繞著另一個中心（黃極）轉，那個軌跡就是黃道，這是從巴比倫開始的西方天文學概念。中國古代一直以為赤極是宇宙的中心，是上帝位在的地方，但事實上因為地軸轉動（歲差）的關係（見第八章）赤極的位置是會慢慢產生旋動的，相對的，垂直於黃道中心的黃軸指向的黃極變化就小得多，黃道（地球繞太陽的軌跡）的變化主要是黃道橢圓形程度的變化，這個變化每 40000 年只會使黃極移動 2.5 度，而且赤極的位置會隨著觀星者的緯度產生變化，因此新巴比倫天文學家就以黃極作為宇宙的中心。

　　漢朝末期時中國天文學家不但已經有了黃道系統（東漢和帝時賈逵製造了第一個黃道銅儀），而且已經定出赤、黃極的相對位置，顯然是受到西方天文學的影響。黃極位於天龍座 Aldhibah（阿拉伯語「土狼」之意）星旁，這顆星離地球 328 光年，太陽亮度的 138 倍，以每秒 22.3 公里相對速度運行，在中國是在紫微左垣四，或上弼（輔助天子的大臣），古代中國認為紫微垣內是帝王的內宮，所以皇室的命星都在紫微垣。

在上一章提到的北周靜帝（西元 579 年）根據東漢末年樣本鑄作的「永通萬國」銅錢上面有四個星象，其中一個就是北斗七星，另外三個分別是蛇、龜及劍，根據日本國學院大學梅德（Stephan Maeder）的分析，這個圖像剛好是黃道中心（黃極）旁四個方向的星象（北斗、西方的仙后座、天鵝座及武仙和牧夫座），武仙座（Hercules constellation）在古代巴比倫是一個蛇身的神，剛好相對於銅錢上的蛇，天鵝座的形狀（長十字）剛好是一把劍的形狀，龜的頭、背及尾剛好是位於仙后座的六顆主星。把這四個星象聯起來剛好就是一個「十」字，中心點就是黃極（天極，歲差就是赤極繞著這個中心點作圓周運動）的位置，顯然這些西方的星座是從絲路傳到在中國北方的北周。

古代西方對這個在赤極旁邊的星座的看法剛好和中國相反，西方（巴比倫、希臘）的觀念天龍是代表惡魔，古代蘇美人的創世神話就認為神從混沌中創造宇宙時就是和惡龍 Tiamat 爭鬥（神話的含意是人類從母性社會轉成男性主宰社會的變遷），Tiamat 被打敗後宇宙才分成天與地，因此後來就延伸變成很多與惡龍鬥爭的故事和神話，例如在希臘神話裡，英雄赫拉克勒斯（Hercules）為了去 Hesperides 花園偷金蘋果就把守護的惡龍殺掉，而那個惡龍就是圍繞著黃極的天龍座，必須要把惡龍殺掉才能得到天上上帝的知識（金蘋果）。亞當、夏娃和蛇的故事也是如此，只是這一次惡龍沒有被殺掉，而是換成引誘亞當偷吃禁果的蛇。在基督教裡也有一個著名的聖麥可（St. Michael）屠龍的故事，代表世界末日時善與惡的鬥爭。這個殺龍的故事可能來自歲差的觀察，北極星從天龍座換成小熊座不就是要趕掉天龍嗎？聖經 Revelation 13:2 裡就說龍把它的王座及權威讓給一個有熊的腳及獅子嘴的豹。

Chapter 3

天際的劃分

天際的四等分：四個刻度的時鐘

在赤極這個地區所有星官（恆星）都繞着這個天帝打轉，不會有偕日升或偕日落，天空上星球的相對位置就可以這個中心來劃分，在一萬三千到一萬四千年前在西班牙的古老石畫上就有赤極附近的星象圖，9000 年前的波蘭中石器時期考古遺址也有北斗星的圖像，這些古代北方民族都將天空劃成四區，中國古代將井宿及斗宿連成「緯」線，將角宿及奎宿連成「經」線，成為兩條互相垂直的 XY 座標線，在埃及和巴比倫也有類似的作法，五千多年的波斯就是用分別在春秋分（Aldebaran 及 Antares）及冬夏至（Formalhaut 及 Rigulus）出現的四個亮星來劃分天際，不過這是用黃道作座標的四分法，有別於古代中國以赤道為座標的四分法。

中國把赤極的周圍分成四個區域，每一個區域用一個動物來代表，就是「四象」的天文觀念（東方蒼龍、西方白虎、南方朱雀、北方玄武，動物前面的顏色代表四方環境的情況，印第安人及馬雅人也有同樣的概念），將上空分成四等分，用不同顏色來標記，不但代表「空間」也代

表「時間」的概念，時間的意義就是代表春秋分及冬夏至，在空間方面，相對於地上就是東南西北四個方位（四正），因此都用一個圓中有亞字或十（上下左右長度相等，不是數字10）字的圖案來代表，中國河姆渡文化的陶器上就有十字的符號，馬雅、北美印第安人也有一個圓（天）用十字劃分為四部分的記號（印第安人稱之為 Medicine Wheel，Medicine 是宇宙能量的意思），代表宇宙的四方，這個圓中有十（亞）字的符號是薩滿巫師的法器，在甲骨文十就是「甲」字的原形，代表十進位（十干）之首，也代表在赤極的天帝。

↑古代中國四象方位示意圖

　　古代中國用四個方位和四季聯結起來，每一季的開始也都有不同的祭典（《禮記・祭統》：「凡祭有四時：春祭曰祠，夏祭曰禘，秋祭曰嘗，冬祭曰烝。」）日本在 11 月舉行的大嘗祭就是來自中國的古禮。《堯典》的「寅賓出日」，是在仲春，又在「平秩東作」之際舉行；「寅餞納日」，是在仲秋，又在「平秩西成」之際舉行。都城的設計也是根據這個觀念，就是《周禮・考工記》所說的：「左祖右社，面朝后市」。

　　「十」字也可以寫成兩個垂直相交的工字：✚，這是古代中亞祭師的符號，古代中亞祭師稱為 Magi（就是 Magic，Magician 的字源），magi 就是耶穌誕生時去看聖嬰的智者，在周朝宮殿遺址發現的一個西方人頭像上就有這個符號，也就是「巫」的本字（巫的古音 m'wag 就是來自古波斯語）。

四季的觀念

　　中國古代這個太陽時鐘只有兩個刻度（春秋分，這是農耕民族的共同作法），春秋分日夜平分，也就是月亮和太陽兩個天體（陰陽）平衡和諧的時刻，對於農耕社會是很重要的時間點，因此在古代朝廷重要事情及祭典都在春、秋分舉行，這就是為什麼東周時的史書稱為《春秋》。後來因為冬至時用表圭（見第四篇）觀測的日影最長，方便訂出一歲的終始，因此再加上冬夏至成為四個刻度的太陽時鐘，四時再加上由天文定出來的四個方位，把時間和空間的觀念結合在一起，形成人類根深蒂固「4」的概念，「4」象徵相對穩定的時間和空間，這個觀念就是太極生兩儀，兩儀生四象，在《楚帛書》神話中是以混沌、伏羲娶女媧、生四子神來代表這個概念的形成，古希臘哲學家畢達格拉斯（Pythagoras of Samos, 570-495BC）就說：「4」是「創造神和人類的神聖公約數」。四個方位再加上中心，就是五行的由來。

　　在中國古代用土堆成三個圓疊成的平臺作為象徵（大圓代表冬至太陽的軌跡，中圓為春秋分，小圓為夏至），北京天壇的圜丘臺、貴州彝王墳（也是一種天文臺）及五千年前紅山文化的祭天壇都是這個結構，這是中國的圓形「金字塔」，祭地的壇則為四方形「金字塔」，這是因為中國古代「天圓地方」的概念。中國最大的方形「金字塔」就是在西安的漢武帝茂陵，比埃及金字塔還要大。因為在古代圓周率大約等於3，所以圓長大約是直徑的3倍，而方形的周長則是邊長的4倍，因此古代中國都是用3或奇數代表天及陽，而4或偶數則代表地及陰。

　　如果再進一步細分加上四個刻度成為8個刻度的時鐘，加上的刻度就是現在的立春、立夏、立秋、立冬，這是古代世界很多民族的作法，中國古代東夷族就有特定人員負責這八個季節的觀測（《左傳・昭公十七年》：「鳳鳥氏，曆正也；玄鳥氏，司分者也；伯趙氏，司至者

也；青鳥氏，司分者也；丹鳥氏，司閉者也」），因此古代太陽的符號都是「十」（四個刻度，在埃及是男日神 Ra 的符號）或「米」字形（八個刻度，這個符號在埃及是女日神 Gula 的符號，巴比倫代表日神 Shamash，在西方稱為 wheel of the sun，也是佛教的法輪），梵諦岡的聖彼得廣場就是一個很大的「米」字形，這是用五個圓八個刻度的太陽時鐘（可能就是五行及八卦的由來）。八個方位再加上中心，就是中國「九宮」的概念。

如果再將時鐘分成十二個刻度（七圓曆），每一個刻度就是一個人工月，再加以對分就是二十四節氣了，因此在中國自古太陽時鐘就是有 24 個刻度，這是中國曆法獨有的。

四象的人文意義

中國古代把天際分成四個部分，這是用赤道和銀河交叉產生的四個部位來劃分的，每一個部分用一個神獸來代表，稱為四象，中國地法天象，所以四象也代表古代中國四個方位的民族，東方蒼龍的蒼是五行東方木的顏色，龍則來自東夷的圖騰，《左傳·昭公十七年》：「大皞氏以龍紀，故為龍師而龍名。」大皞氏就是古代東夷的首領，出身於山東、河南交界的伏羲族也是人面蛇身，殷商時的龍形銅觚上就有代表大火的星象。西方白虎的「白」是西方顏色的代表，也代表五行中的金（因為青銅文化來自西方），因此並不是白色的老虎，而虎也可能是從中亞傳來的獅子。南宮朱雀主要是用鳳凰來代表南方熾熱的太陽，鳳凰在古代埃及就是用來代表太陽，住在南方的百越族就是崇拜太陽及鳥的民族，在長江流域的河姆渡文化及良渚文化就有很多太陽鳥象徵的圖案及物件，他們帶羽毛作的頭飾，也有鳥舞、鳥田，《山海經·大荒南經》裡就有羽人國。在日本奈良縣的七世紀木寅（Kitora）古墳裡就東西南北方位就

有彩色的四象圖樣。

　　北宮玄武是以龜蛇為符號，代表北狄黃帝氏族，古代文獻裡常提到黃帝的圖騰是天龜，但為什麼用北方沒有的水生龜類來代表北宮玄武及黃帝？這是因為龜是代表天和地，圓拱形的龜背代表天，平的近方形的腹甲代表地，（《本草綱目》：「上隆而文以法天，下平而理以法地。」）龜的頭朝南，尾朝北，四支腳代表四維就是頂著在龜背中心天柱來支撐天地，這是源自古代中國「蓋天論」天圓地方的哲學思想（巴比倫及印度也有類似的看法，埃及則認為物質世界是方形，而精神世界是圓形），古代中國、印度、非洲及美洲的印地安人都有用龜來支撐天地的概念。拱圓形天（龜背甲）的中央就是在正北方的赤極（地軸），就是天帝所在的位置，因此用來代表中華民族的共同祖先——黃帝（五行中央為土，色為黃，所以在赤極的天帝就稱為黃帝，後來引申為北方的有熊氏），而如上所說黃帝的圖騰就是在北天的北斗，不過用天龜作黃帝圖騰，大概是後來才演化出來的。

　　因此古代龜都是尊貴的象徵，《史記‧龜策列傳》中就說：「龜者，天下之寶也，先得此龜者為天子。」《後漢書‧宦者傳序》也說：「龜鼎，國之守器，以喻帝位也。」漢朝五品以上官員的官印上面就是金龜，唐朝時三品以上官員的龜袋飾以金，這是「金龜婿」的由來，中國古代明堂及馬車的建造方式上面為拱圓形，下面是方形，就是來自龜甲的啟發，這也就是後來中國的碑石都是放在龜背上的緣故，這種馱碑的龜稱作贔屭（bi xi，日語：ひいき，在日本變成照顧、關照的意思），就是表示以天地負載的尊貴石碑。龜也代表水，海龜除了到岸上產卵，一生都在水裡，冬天及北方在五行中是以水來代表，冬天及北方都是陰暗，就是玄武代表黑暗的意思。

　　至於北宮玄武的蛇則是銀河的象徵，蛇從龜尾到龜頭，就是銀河從南北方向跨過天際。夏天從地上看銀河中心有一個分叉，就像蛇頭咬著

蛇尾。蛇首與蛇尾相交，即所謂的「Oroboros」，這是許多古代民族都有的圖騰，象徵再生、永恆及陰陽互動，也代表時間告一個段落再重新開始（輪迴），紅山文化裡的玉龍就是這個圖騰。但為什麼用蛇？因為蛇會定期重新長皮，就是重新開始再生的概念。Oroboros 後來變成歐洲鍊金術（Alchemy）的符號，代表水銀，十九世紀化學家凱庫勒（Kekule）就是夢見這個符號而解出苯（Benzene）的化學結構，這是化學史上的一個重要里程碑。

神龜的哲學問題

當然了，你也許要問：如果龜撐起天地，那麼龜是站在什麼上面來撐起天地？這大概是英國人第一次接觸到印度的宇宙哲學時提出的問題，印度人的回答是龜下面還有另一隻龜撐著，那下面那隻龜靠什麼撐著？答案是下面的龜還有另一隻龜撐著等等，在英文就稱之為 Turtle all the way down，這是一個有趣的哲學問題，著名的物理學家霍金（Hawking）在他的書《時間簡史》（*A Brief History of Time*）裡就有提到這個哲學問題。其實這就是現在物理理論的問題，我們現在知道物質是由分子構成的，分子是原子構成的，原子是由基本粒子構成的，就算你找到所謂的最基本粒子，你還是可以問：那這個粒子是什麼作成的？再下去就「玄之又玄」了。同樣的，地球及星球的運轉是因為重力，而根據相對論重力是因為質量使空間產生扭曲，但為什麼質量為造成空間扭曲就還不知道了，就算知道這個答案，後面的問題還是沒完沒了！（讓物理學家永遠有工作！）龜撐起天地的哲學問題突顯出我們對自然瞭解的限制，這是因為我們對事物的認識需要經過感官的接受、經驗（大腦神經網路經長時間的聯結產生的記憶）及直覺（下意識的大腦神經網路的聯結、計算及分析），這些累積的聯結及演化才能讓我們產生

超越直接感官的感覺而產生高層次的抽象觀念。

　　龜的背甲還有一個有趣的現象，如果在一個像龜甲的平板上面放沙子，然後用特定的振動頻率去讓它振動，就會得到像龜甲一樣的花紋，花紋所在的地方就是在駐波（standing wave，在定點間的振動）中波與波間相互抵消的地方（就是駐波所產生的波節），在那裡平板不會振動，因此沙子都會集中在那裡產生特殊的花紋，這個讓我們可以「看」到波動的學問稱為 Cymatics（波動幾何學，有興趣的讀者可參考 Hans Jenny 所著的 *Cymatics*），事實上原子的電子軌跡形態也可以用這個方法作出來，我在美國教書的時候就是用這個方法來解釋這個很抽象又在數學上很複雜的現象，所謂的原子的電子軌跡其實就是原子裡電子與原子核作用產生的三度空間電子波的駐波現象，而所謂的電子軌道量子能階，就是那個駐波頻率振動的能量，就像音樂裡的 do、le、mi、fa 一樣，這時學生才都恍然大悟。

　　在形成龜甲的過程，有幾個分子反應產生拮抗和回饋的效果，用數學公式寫出來就是一種駐波的形態，這個數學原理最早是由電腦之父圖靈（Alan Turing, 1912-1954）發現的，現在用來解釋許多生物及自然現象，例如斑馬紋、豹的斑點、胚胎發育（產生調控分子的駐波，產生不同地區的細胞分化）、花瓣及葉子的排列（phyllotaxis）等等。波動幾何學和黃金分割關係密切，而且有很多可能的應用，不過這不是本書的主題，就略過不談了（這也是 turtle all the way down 的問題，談不完的）。

天際的八等分：八卦

　　在將天際四等分之後，如果在兩個方位之間再取一個中間方位，就得到「八卦」的八個方位，在還沒有文字的時代，為了記錄方位，中國人就用一及一 一的符號來代表兩儀，然後將這兩個符號的排列組合來

代表四象及八卦的方位，這就是大家熟悉的八卦圖。在空間方面，就是東、南、西、北（四正或四極）及東南、西南、東北、西北（四維）等八個方位，在時間方面就是立冬、冬至、立春、春分、立夏、夏至、立秋、秋分等八個時辰，用太陽在不同時節相對於恆星的位置來訂定。《周髀算經》裡就說：「二至者，寒暑之極，二分者，陰陽之和，四立者，生長收藏之始，是為八節。」立冬、立春、立夏及立秋在西方稱為「Cross-quarter days」，日本稱為「節分」，這八個時辰就是很多東西方節日的由來，例如西方在春分的復活節及立冬時的萬聖節，中國立春時的立春節及立秋時的乞巧節等等。

　　許多古文明都有這個八方位的圖形，例如古代蘇美人主神 Utu 的符號就是一個八角星紋的圖形，在 1987 年在安徽含山出土的新石器時代夾於玉龜中的玉版（洛書）、四川大溪文化鳥形玉器及青蓮崗文化的彩陶上也都有這個圖形，在約旦 Tulaylat al-Ghassul 發現的六千年前的銅石時代（chalcolithic）壁畫就有這種八角星形，古希臘的八角風塔、佛教的法輪、英國國旗（米字旗）及梵蒂岡廣場也是用這個古老的符號（見第四篇），古代中亞車輪也有八條輪幅大概也是來自這個遠古的觀念。因為也是由測日影得到的圖形，因此這個圖形也是用來代表太陽。

天際的五及九等分：五行及九宮

　　「四象」加上中心就得到「五行」的觀念，「五行」的延伸就得到「十干」，在春秋戰國時期進一步用金、木、水、火、土及五個顏色來代表四個方位及中間的位置。代表中間的土是黃色，因為這是赤極天神的位置，因此陰陽家以黃帝（就是黃色的赤極天帝，並不是有熊氏）為代表，所以《尸子》裡就說：「古者黃帝四面」，意思就是說黃帝在四個方向的中間。

其中用水來代表北方及冬至和古代西方的星象學有很密切的關係，因為代表北方的玄武七宿附近的天空沒有什麼亮星（因為是往銀河外看），在古代西方天文學稱這部分的天空為「海」，因此與水有關的西方星座（Cetus，Delphinus，Eridanus，Pisces）都在這個區域，古代蘇美人和埃及都認為水瓶座和大雨及洪水有關，古埃及認為這個星座是河神，會把水倒入尼羅河，而位於玄武七宿中間的虛宿一（beta Aquarii）就是水瓶座最亮的星，虛宿一又稱北陸，距地球 540 光年，太陽亮度的 2300 倍，虛代表空的意思，因為這裡的天空很少亮星（往銀河外看），在四千年前，虛宿就是在冬至時偕日升，因此五行中北方用水來代表，可能和古代中東的天象觀念很有關係。虛宿在阿拉伯是代表好運中的好運（Sadalsuud），這是因為虛宿出現會帶來沙漠地區需要的雨水。但在中國占星術卻是主死喪哭泣（大概是因為在北方冬天肅殺），北方玄武來自北方的水正玄冥（《淮南子‧時則訓》：「北方之極，顓頊、元冥之所司者二千里」），「虛」是夏族領袖顓頊的「頊」，顓頊是商的遠祖，而顓頊以水德王，中國古代也稱玄武（帝堯時的水正，武通冥，就是黑暗的意思）為北海之神，北方玄武的室宿（在飛馬座 Pegasus）在古代也稱為水星（不是行星的水星），這和巴比倫及埃及對這個黑暗沒有亮星天際的看法幾乎一致。

如果將以赤極為中心的天空劃分成「井」字形九個區域，天神所住的赤極在正中的區域，四正、四維八個方位圍繞著赤極，就會得到一個有九個方格的正方形，將每一格稱為一宮，所以稱為「九宮」，每一宮用 1 到 9 的一個數字來代表，因為 5 是 1 至 9 中間的數，而 1 到 4 加 5 就可以得到 6 到 9 的數字，如果把 5 放在中間那一格，四正用單數（代表天），四維用偶數（代表地），就可以得到一個縱、橫、對角加起來都是 15 的「魔方」，也就是《洛書》，《洛書》的數字分布也代表四象及五行，這是中國古代數學的演算方法，把「魔方」中相關的數字（例

如 5、1、6）聯起來就會得到「萬」字紋，也就是北斗七星在四季的指向，所以中國古代的洛書及河圖都是由北斗引申出來的數字演算，應用在天文、占星、律曆、建築等，古代的井田制，天下分為九州，以及古代帝王舉行祭祀、慶典及朝會的「明堂」（後來也加入天文及學術單位），都是根據這個天象設計的，依據《水經注》，明堂就是「上圓下方，九宮十二堂，四向五室」，並有 28 根柱子，象徵二十八宿，漢平帝元始元年（公元 15 年）所建的明堂遺址在西安土門村北，劉秉忠設計的元大都（現北京城）就是用九宮八卦。因為 5 位於赤極天神的位置，而且在九宮之中，九代表陽數最高之數，所以帝王就稱為「九五」之尊，明代紫禁城宮殿也都是採用 5:9 的比例設計。

中國的洛書後來在八世紀時經印度傳到伊斯蘭帝國，再傳到歐洲，在歐洲引起數學家及宗教界極大的興趣，他們將 3×3 至 9×9 的魔方分別用來代表七個迦勒底的天體，例如一個加起來等於 666 的 6×6 魔方（稱為巴比倫魔方）代表太陽，美國很多城鎮的設計就是根據這個魔方，西方共濟會（Freemason）也使用 3×3 魔方（洛書）作為他們的標記，而文藝復興時期德國哲學家杜勒（Albrecht Durer）所繪的〈憂鬱〉（*Melancholie*）圖中的 4×4 魔方是當時最著名的魔方，這個魔方的常數是 34，圖中的有 7 個階梯的梯子代表努力向上的智慧成長，第三及第四梯代表從當時歐洲三項基礎通識教育（邏輯、文法、辯論），進展到高階的四項通識教育（算學、幾何、音樂、天文）。

九五的乘積是 45，剛好是 1 到 9 數字的和，也是魔方數的 3 倍，45 剛好是 360 的 1/8，就是將一年的天數分成四立和二至二分，即所謂的四時八節曆，如果用 987654321 減去 123456789，得到的數字 864197532 仍然是 1 到 9 數字，而且加起來仍然是 45。

古代中國用四個亮星來標定春秋分及冬夏至及四個方位，《尚書‧堯典》：「……日中星鳥，以殷仲春……日永星火，以正仲夏……宵

中星虛，以殷仲秋……日短星昴，以正仲冬。」波斯也是用四個亮星來標定春秋分及冬夏至，現代星象學的四個主星 Aldebaran、Antares、Regulus、Fomalhaut（相對於中國的畢宿五、心宿二、軒轅十四及北落師門）大概就是來自這個遠古的傳統，因為這四顆星都是位在黃道上的亮星。西方這個星象大約出現在公元前 3100 年，這個時間點是人類歷史上重要的時刻，埃及統一並建立第一個王朝，米諾安（Minoan）及蘇美（Sumerian）古文明也在這個時候開始，埃及象形文字及蘇美人的契形文字也在這個時期建立，馬雅的曆法及印度的 Kali Yuga 時代週期的起始點都在這個時刻。在中國則是仰韶文化時期。Aldebaran、Antares、Regulus、Fomalhaut 四個主星分別位於西方的金牛、天蠍、獅子及水瓶座，和中國的四個主星大約都是位於黃道和銀河交口及其對角。

天際北斗時鐘的 28 個刻度：二十八宿

為了更準確用北斗來定季節及方位，中國有一個稱為「二十八宿」的天文系統來作為北斗指向的參考座標，二十八宿的排列是從西到東，和日、月運行的方向一樣，《隋書・天文志》中就說：「爰在庖犧，仰觀俯察，謂以天之七曜、二十八星，周於穹圓之度，以麗十二位也。」也就是用來協助北斗的指向來訂月分，《淮南子・時則訓》裡則說：「孟春之月，招搖指寅，昏參中，旦尾中。」就是用黃昏及清晨時的偕日落及偕日出的星象來作參考座標。但大家因為不瞭解二十八宿的原始意義及用途，對於二十八宿的看法有很大的爭議，最令人不解的是為什麼是「28」，因為照《淮南子》的用法只需要 24 個星宿就夠了，而且各宿間的度數間距大小不一，有的並不是亮星，而且有些在黃道附近，有些則在赤道附近，似乎沒有什麼規則，有人為了解釋 28 宿甚至用歲差軟

體的運算將二十八宿推算回五千多年前，勉強讓多數的星宿會比較均勻的分布在赤道上，但這並不符合事實，因為二十八宿的系統並沒有那麼早發展出來。

其實二十八宿就是用來細分四象的四個時鐘刻度，以黃道與銀河的兩個交點（井宿及斗宿，四千多年前秋分的星象）為 X 軸，及垂直 X 軸的奎及角宿（四千多年前春分的星象）的聯線為 Y 軸，將天空分成四個區域，在每一個區域各取 7 個星宿主要是要為了聯成一個動物的圖像（四象）以方便記憶，因此就不計較是否亮星或間隔，或是否比較接近赤道或黃道，巴比倫及希臘的十二行宮也都是用這種方式，例如天蠍座的一些尾巴星宿就離黃道相當一段距離，很多也不是亮星，所以雖然有 28 個星宿，但基本上還是四正及四象四個刻度時鐘及方位的概念，只是把四個刻度再細分而已。每一個區域取 7 個星宿可能就是來自北斗七星的概念。

另外二十八宿的名稱除了與四象身體有關（如角、亢、心、尾、翼等）之外，大都來自遠古時代的部落名稱或圖騰，例如箕、房、奎、婁、昴、觜、井、鬼、柳、張、軫等都是殷商時期部落的名稱，箕、婁、井、鬼等部落都和殷商關係密切，「婁」和「奎」是古代西羌族的支系，「婁」是夏朝的後裔東樓（婁）公（樓姓的始祖）建立的部落，也就是「杞人憂天」故事杞國的始祖，「觜」是魯國後代封於觜的觜昭伯，《氏春秋‧察微篇‧觜昭伯》高誘注：「觜氏，孝公子惠伯華之后也，以字為氏。」是厚姓的祖先（厚通觜），「柳」是魯國士師展禽，即柳下惠，受封於柳下，但依據陳久金先生的說法，「柳」是來自古代南方東夷族的「六」國，因此放在南宮朱雀（南方的東夷以鳥為圖騰），「張」是古代在晉國的張人，傳說中黃帝的後代揮，因發明弓箭而以張為姓，「畢」是西周時畢公高建立的方國，「危」是甘肅三危山，堯舜時三苗叛亂被遷移到這個地方，後人以危為姓，2013 年在湖北考古就曾發現

姓危貴族的楚墓。顯然二十八宿和商周時期的文明很有關係，28 宿的名稱看起來就是古代中國各民族在中原附近的分布圖，而且含有民族遷移及融合的信息，中國古代的天文官大概就把天象用地上族群的地理分布來作表徵，也就是中國古代天象分野的觀念，後來就變成占星術的論點依據。而在西周虢國銅鏡上就已經有四象的圖像，從這些證據來看，二十八宿可能是殷末周初時開始創立的。

因為印度也有 28 或 27 宿的天文系統稱為 Nakshatra，而且其中有 18 個星宿是中印兩個系統共有的，因此有些人認為中國的二十八宿是從印度傳來的，事實上中國二十八宿是從以赤極為中心發展出來的天文概念，所以三垣、四象和二十八宿都是在同一個天文系統，和印度 Nakshatra 用來測量月亮的運行的黃道概念並不相同（這是傳自巴比倫），因為恆星月的日數介於 27 和 28 之間，因此印度才會有 27 及 28 Nakshatra 兩種系統，並且每一個星宿都有一個對應的神祇（印度神話說這些星宿是月神 Chandra 的女兒，這是古代埃及的傳統），而中國只有二十八宿一個系統，也沒有對應的神祇，而且二十八宿名稱和印度系統完全不同，印度月分的名字就是用相對的星宿來取名，而中國則是用北斗指向的十二地支來取名，因此中國二十八宿顯然不是來自印度的 Nakshatra 天象系統。

28 也是一個有趣的數字，28=1+2+4+7+14，也就是等於因數的和，古代希臘畢達哥拉斯的學派稱一個數字為其因數（除去原數）之和為「完美數字」，歐基里德發現「完美數字」可以用 $2n^{-1} \times (2n^{-1})$ 的公式來表達，28 也等於 1 到 7 數字的總和，也是第 7 個三角數字（triangular number=n/2（n+1）），及第 4 個六角數字（hexagonal number=n（$2n^{-1}$）），在物理學 28 是幻數（magic number）之一，有幻數數目的原子核穩定性最高，人類月經週期平均是 28 天，阿拉伯文字有 28 個字母，回教有 28 位先知，大概都是因為恆星月大約是 28 天。

Chapter 4

行星運行的觀測

對行星運行的研究是古代東西方天文學的主要差異

　　中西天文學最大的差別就在對行星的研究，這個差別導致後來科學發展的差異，對於科學史來說，行星天文學是中西科學發展的分水嶺，這不是很多人都瞭解的事實。西方科學家為了解釋行星的運行規則及奇怪的逆行現象，而終於引導出運動學及力學的原理，相對的，中國古代雖然已經對行星的運行及週期作相當仔細的觀測，例如戰國時期天文學家石申夫已經對行星運動有很好的描述，知道火星奇特的逆行（《史記・天官書》說：「故甘、石歷五星法，唯獨熒惑（火星）有反逆行。」）馬王堆出土的帛書《五星占》及《淮南子・天文訓》裡也有敘述五星的運行及它們的會合週期，歷代天文學家也都相當精確的定出行星運行的週期，並知道行星的運動有順、留、逆、伏的現象，五代時後周的大臣及天文學家王樸（撰著《欽天曆》及制定 Tangent 函數表）也知道行星運行速度的變化是和太陽的距離有關（「星之行也，近日而疾，遠日而遲，去日極遠，勢盡而留」），這是因為軌跡是橢圓形，是很先進的看法，比開普勒早了 700 年，中國隋朝的天文學家如劉焯及張胄玄也

都對行星不均勻的運行用等加速度的方法來計算，但這些非常出色的觀測及數學計算很可惜都僅停留在現象的描述，而且在古代中國行星的觀測主要是用於占星術，例如《尚書・考靈曜》中記載：「五星若編珠旋璣中星，星調則風雨時。」《史記・天官書》也說：「熒惑為孛，外則理兵，內則理政。」唐朝時的《開元占經》裡就說：「帝有過失，既已命絕於天，則五星聚攝提，反衡亂不禁。五星聚，天子窮。」或「五星聚於一宿，天下兵起」等等之類，只迷信於「五星聯珠」等這類星象對於地球上人事的影響和關聯，對於行星運行軌跡的理論研究則完全付之闕如，這是中國沒有從天文學發展出現代物理學的重要原因之一。

新巴比倫時期的天文學家也很仔細觀測五個行星的運行，並用數學計算去預測行星的位置，和古代中國一樣，複雜的行星的相對運運和會合也是用來地面上的人事變化作聯結，即所謂的占星術，但希臘天文學家則是以科學理論的態度去觀察行星，他們一開始就用幾何學的模型去了解行星的運行的軌跡，對於逆行的奇特現象阿波羅尼奧斯（Appollonius of Perga, 262-190BC）則提出本輪（epicycle）的模型，這個用數學模型去解釋天文現象的傳統（柏拉圖的哲學思想）就是西方科學的基礎，這是東西科學發展最大不同的地方。

太陽系的兩大類行星

行星是太陽系裡圍繞著太陽轉的星球，包括地球在內現在已知有八個行星，依對太陽距離分別是水星（Mercury）、金星（Venus）、地球（Earth）、火星（Mars）、木星（Jupiter）、土星（Saturn）、天王星（Uranus）及海王星（Neptune）。這八個行星可以分成兩類，第一類主要是由岩石和金屬組成，密度較高，體積較小，這一類包括水星、金星、地球及火星，因為比較靠太陽，稱為內行星，第二類行星包括另

外四個行星，稱為外行星，主要是由氣體（氫、氦等）、水及一些岩石和金屬組成，密度較低，體積較大，而且都有環帶。所以會形成這兩類行星，是因為太陽星系在由星雲形成時，在星雲的中心產生熱度極高的太陽，靠近太陽的岩石和金屬受到太陽引力及熱力影響，經多次撞擊而形成固態的行星，但離太陽較遠的地方，溫度低，所以以主要以氣態凝結而成大的行星。

美國天文學家在 1930 年發現這八個行星外面還有一個很小的行星——冥王星（Pluto），因為很小（只有 2300 公里寬），所以現在稱為矮行星（Dwarf Planet），冥王星是在一個稱為柯伊伯帶（Kuiper Belt）的小行星帶，這些小行星是太陽系形成時殘留下來的碎片。

行星軌道的規律

行星和太陽的相對平均距離可以用一個簡單的數學公式來表示：$0.4+(0.3\times2^n)$，稱為提德鄂斯—波德定律（Titius-Bode's Law），因為沒有理論根據，所以只能說是一個法則而已，用這個法則可以預期在火星和木星中間會有一個行星，後來證實這個地區有一個小行星帶，而不是一個行星，但這個法則就不適用於海王星了。現在猜想會出現這樣的軌道數學規律，是因為行星間互相的影響，行星只有在現在的軌道才會比較穩定。

因為地球和行星都在繞太陽運行，比地球靠近太陽的行星（水星及金星）因為繞得比地球快，因此當地球繞太陽一次時，內行星已經繞了好幾次，因此從地球看到的內行星繞行的次數是地球繞太陽次數加上行星和地球會和次數，如果是外行星（離太陽比地球遠的行星），那麼就是相減，因為繞行次數和繞行週期成反比，因此行星的繞太陽一次需要的時間（週期，P）和從地球再次相對於太陽—地球—行星會和所需要

的時間（會合週期，synodic cycle，S）及地球繞太陽一次需要的時間（回歸年，E）之間有一個簡單的數學關係：1/P =1/E+/–1/S，意思就是行星繞太陽幾次（1/P），等於地球繞太陽幾次（1/E），加或減去會合的次數（1/S），如果行星運行的角速度大於地球（水星及金星）就用「+」，如果行星角速度較小就用「–」（如木星等），例如從已知的木星的 S 值就可以算出 P=11.8573 年，如果知道 P 也可以算出 S 值，不過這個公式是假設地球及行星的軌道是圓形，因此和實際值會有些微的誤差。

行星與太陽的互動

行星繞著太陽運行是因為受到太陽引力的作用，但行星本身也有質量，因此行星產生的重力也會造成太陽的運動，太陽系的質量中心（barycenter）並不在太陽的中心，而是離太陽中心一段距離，行星和太陽會繞著這個質量中心旋轉，而且因為行星都在動，因此質量中心一直在位移，1990 年的時候，這個中心大約在太陽的中心，但在 1984 年就離太陽中心約一百多萬公里（太陽半徑為 69 萬 6 千公里），太陽大約是每小時 50 公里的平均速度繞著這個中心轉，因為太陽受到不同行星的影響，因此太陽的運動就變得非常複雜，我們現在還無法知道太陽位置的變動對於地球氣候的影響。

水星（Mercury）

水星是最靠近太陽也是最小的行星，亞述人在三千多年前就已經有這個行星的觀測記錄，這是他們智慧之神 Nebo，古代中國稱之為辰星，因為看到它在北方，在五行中屬水，故又稱水星。水星因為在地球和太

陽之間，因此我們只能在早晨或黃昏陽光比較暗的時候才能看到它，但因為它太靠近太陽，因此很不容易觀測，2016 年 1 至 2 月水星就會在清晨時出現。它繞太陽的運行週期是 87.969 天（sidereal period），但從地球觀察的週期是 105.879 天（synodic period，這是平均值，可以從 104 到 132 天），漢初時天文學家落下閎用「通其率」（類似現代連分數，輾轉相除求有理數近似值的方法，比印度數學家阿耶波多〔Aryabhata〕早了 600 年，義大利數學家拉斐爾〔Rafael Bombelli〕及彼得‧卡塔爾迪〔Pietro Cataldi〕早了 1600 年）的方法得到 105.87 天，和現值只差 0.01 天，而隋朝張胄玄編修的《大業曆》更進一步定出 115.879 天。

　　水星的運行橢圓形軌道在所有行星中最為扁平，因此對古代的天文觀測者是一個難以理解的運行軌道，伊斯蘭天文學家查爾卡利（Al-Zarqali, 1029-1087）在十一世紀就已經提出水星的軌跡是像蛋形的假說，比開普勒早了 600 年，但可惜沒有進一步去研究。水星這個扁平的軌跡本身也會作很慢的轉動，因為這個轉動角度無法完全用牛頓定律解釋，才讓愛因斯坦可以用這個現象來驗證他的廣義相對論。水星因為受到太陽的影響會噴出鈉原子，產生像慧星一樣橘黃色的尾巴。

　　古人看到水星在空中跑得很快（每秒 30 英哩），而且會很快的經過各個星座及行星，好像是在替上帝傳送信息，因此迦勒底人（Chalean）稱它是上帝傳授智慧的使者 Nabu（發明文字的智者），迦勒底人也崇拜它為水神，同樣的，在埃及水星也是神的信差托特（Thoth），代表智慧、語言及時間及文字的發明者，在《晉書‧志第二》也說：「辰星曰北方冬水，智也，聽也。」水星的屬水及智慧之說，和巴比倫非常相似，可能就是源自巴比倫，有趣的是，美國 NASA 在 2014 年發現水星的北極的岩洞裡有「冰」。

　　希臘稱清晨看到的水星為 Apollo，黃昏時看到的為 Hermes（愛

馬仕），後來羅馬人將愛馬仕改成為墨丘利（Mercury，跑得很快的信差神祇），這個字起源於義大利原住民伊特魯里亞人（Etruscan），墨丘利是從拉丁文 mercari 轉來的，意思是交易，是羅馬時期的商業神，祂的符號就是後來被誤用來代表醫學的符號，其實是代表商業，就是 merchant、merchandise、mercurial、commerce 這些字的來源。Wednesday（星期三）這個字也是從水星來的，因為羅馬人認為水星也代表詩及奇異之神（相當於印度的濕婆神），在德語稱為 Woden，就是 Wednesday 的字源。Mercury 在古代鍊金術是用來代表金屬，後來因為水銀常被用在鍊金術，所以水銀就以 Mercury 來稱呼。

金星（Venus）

金星的亮度讓古人很早就注意到這顆行星，巴比倫在三千多年前就對這顆行星有詳細的觀察記錄，金星在天文學史上占有相當重要的地位，因為伽利略在 1610 年用當時剛發明的望遠鏡看到金星的圓缺面相，這個觀察不符合托勒密的地球為中心的理論，但却可以用哥白尼的太陽為中心的學說來說明，因此是支持哥白尼學說的一個很重要的證據。

金星繞太陽的週期是 224.65 天，《五星占》記錄的週期是 224 天，它最靠近地球（下合，也是最亮最容易看到的時候）的會合週期是 583.921 天（這是一個平均值，週期的值可以從 579.6 到 588.1 天），這一天會看到它出現在某一個星座的附近，但要經過五個週期（八年，2922 天）後才會看到和這個星座一起出現，巴比倫天文學家在三千多年前就已經知道這個週期，中國春秋戰國時期的《甘石星經》及馬王堆漢墓《五星占》中也記有這個週期，西漢《太初曆》得到的值是 584 天，隋朝張冑玄編修的《大業曆》已經非常準確的定出這個會合週期是 583.933 天，這是古代最精準的金星會合週期，顯然必須經過長時間的

詳細觀測及計算。

　　古代巴比倫及馬雅人都對金星有很詳細的觀測記錄，巴比倫有一個著名的連續 21 年記錄每日觀測金星位置的泥板——阿米薩杜卡金星泥板（Venus tablet of Ammisaduqa，公元前 1581 年；阿米薩杜卡是漢穆拉比〔Hamurabi〕的後繼君王），他們定出金星的會合週期是 587 天，不過更早的埃蘭人（Elam，在兩河流域和伊朗中間的古代文明）就已經知道這個週期，他們五千多年前就用金星來作曆法。金星在馬雅曆法占有重要的地位，馬雅人則認為金星和宇宙紀年週期有關，因此他們對金星作很詳細的觀測，他們用金星來校正日、月時鐘的時差及計算日、月食發生的時間，馬雅人有 104 年的金星觀測記錄，104 年是馬雅 52 年曆法週期的 2 倍，52 年是馬雅 365 天及 260 天曆法的公約數，260 天曆法類似中國的甲子系統，從這些記錄他們很早就定出金星的會合週期是 584 天，並知道 5 個週期（2920）幾乎等於 8 個地球回歸年的天數（365.2422×8=2921.94），這個天數也剛好是金星繞太陽 13 次（金星繞太陽的週期是 224.6852 天，2921.94/224.6852 = 13.0046），也就是說金星繞太陽 13 次的時間等於地球繞太陽 8 次，2922 這個數字也剛好是埃及天狼星週期（Sothic Cycle，天狼星在古代埃及新年偕日升的週期）的 2 倍，這是因為這兩個數字都是從 365 和 365.25 的差別得到的。但用 584 有 0.08 天的誤差，經過 65 個週期，誤差就變成 5.2 天，馬雅人也知道這個問題，但因為他們只能作整數運算，因此後來也作了一些校正。

　　因為金星的軌道是在地球和太陽中間，在夜晚時並無法看到它，因此只能在清晨或黃昏日光比較弱的時候看到它（不同的近地點），古人開始以為是不同的星球，就用不同的名字稱呼它，中國人稱之為啟明及長庚（《詩經》：「東有啟明，西有長庚」），希臘人稱為 Phosphorus（這個字就是化學元素磷的來源）及 Hesperus（有關它的故事請見拙著《廚房裡的秘密》），你如果到洛杉磯圖書館的西牆就可以看到這兩個神像。

但古代迦勒底人很早就已知道這是屬於同一顆行星。在中國少昊（傳說中的五帝之一，道教的太乙天尊）是皇娥和太白金星所生，因此被稱為白帝或金天氏，少昊是東夷族的領袖，是殷商始祖帝嚳的祖父，也是金姓的祖先。因為從晨星到昏星歷時 9 個月，和懷孕時間相近，因此古代人都把金星作為生殖神。

因為金星非常明亮，在古埃及金星是天后，蘇美人也說金星是天后 Inanna（意思就是天后），Inanna 是生殖女神，後來演變成美麗的女神維納斯，巴比倫人稱她為 Ishtar，希臘的名字是阿芙羅狄蒂（Aphrodite），巴比倫國王尼布甲尼撒二世（Nebuchadnezzar II，空中花園的建造者）就在公元前 575 左右建造了一個著名非常美麗用藍琉璃和金箔裝飾的城門（Ishtar Gate，現存於德國柏林 Pergamon 博物館），Akitu 新年的時候迎神的隊伍都外要通過這個門。

在羅馬時期維納斯的符號 ♀ 源自埃及的神祕符號 Ankh（代表生命之鑰、生殖及健康），現在也是被用來代女性。金星八年會合週期運動經過五個星座，聯起來剛好是一個正五角星形（如下圖，金星運行的軌跡，中間的形狀就是一個五角形），所以五角星形也是用來代表這個女神，也代表生生不息的生殖意義（五角星會產生五角星，永無止境），也和美學的黃金分割息息相關，五角形的角度是 72 度，剛好是黃金三角形的角度，而從地球看到啟明及長庚的時間間隔剛好是 144 天（2×72），五角星形也是許多國旗常見的符號。

金星運動軌跡示意圖

因為金星有一段時間不能被看到，好像進入地獄，又回到天堂，因

此古人認為金星有雙重性格，黃昏出現的是代表女性及生殖，但在早晨出現的則代表強悍的男性及戰爭，因此在中國、巴比倫及馬雅文化它也是主凶殺的星，和戰爭及災禍有關，在古代中國認為在白天看到這顆星是不祥之兆，《漢書・天文志》裡就說：「太白經天，天下革，民更生。」唐朝初年（公元 626 年 7 月初）因為在白天可以看到金星，管天象的太史令傅奕就向唐高祖密告說：「太白見秦分，秦王當有天下。」而激發了著名的玄武門事件，其實白天看到金星並不稀奇，只是必須金星不能太靠近太陽，並且要有好的觀測方法（例如用雜誌捲成一個「窺管」）才能在強烈的陽光下看到這顆行星，1865 年 3 月 4 日林肯第二次就任的時候，觀禮的群眾就看到在藍天出現的金星，一個多月後（4 月 14 日）林肯就被刺殺了。

秦分就是在雙子星座中的井宿，水井傳說是和大禹一起治水的伯益發明的（《淮南子》：「益佐舜，初作井。」）伯益是秦人的祖先，因此天上的井宿就對應地上的秦分地區域，這個地區是由與商族關係密切的井方部落氏族居住的地方（在現在河北邢臺市附近），古代地法天象，銀河從井宿旁流過，和古井國的地理位置相似。

金星運行的軌道和地球的軌道有一個 3.39 度的傾斜交角，因此通常不會和地球及太陽大約成一直線，但大約每隔 113 到 130 年會處在太陽和地球中間，這時可以看到金星的黑影經過太陽，稱為「金星凌日」，這個現象的大週期大約是 243 年（因為有兩個交點所以隔 8 年再出時一次，隔 121.5 年及 105.5 年的小週期再出現），從公元前到 2004 年共發生 53 次，天文學家開普勒曾預言 1631 年底會有水星及金星凌日，可惜他在 1630 年去世，最近的一次是在 2012 年 6 月 5 日，下一次是在 2117 年。有人認為玄武門事件是和「金星凌日」有關，但這與事實不符，因為第七世紀的金星凌日是發生在公元 659 及 667 年，而不在 626 年。

火星（Mars）

　　古代天文學家都注意到火星的特殊的顏色及奇特的逆行運動，中國戰國時期天文學家甘德及石申夫都已觀察到這個現象，巴比倫很早就想用數學來預測它的位置，開普勒就是為了解釋它的運動而發現了他的定律。火星的火紅色是來自它表面含氧化鐵的粉塵。

　　古代文明都認為它和災難、戰爭及狩獵有關，在古代兩河流域它被稱為「涅伽爾」（Nergal），以人頭獅身並有雙翼的神獸（也稱作Lamassu 或 Shedu）來代表，希臘及羅馬都把它作為戰神，它的符號♂就是「矛和盾」。

　　埃及首都開羅（勝利之城，或火星之城）的名字就是來自火星，這是因為法蒂瑪（Fatimid）王朝的星相是公羊座，而火星屬於公羊座，因此當法蒂瑪王朝在公元 972 年在此建都時，就用 al-Qahirah（火星）這個名字，代表勝利。

　　火星的會合週期是 779.936 天，隋朝《大業曆》已定出 779.926 天，誤差只有 0.01 天。中國古代稱火星為「熒惑」，認為和皇帝的命運有關，古人認為火星逆行是不祥之兆，而停留在跟火星一樣紅亮的心宿（「熒惑守心」）更是大凶的天象。古代馬雅人對於火星有很詳細的觀測，他們也測出火星的會合週期是 780 天，從會合週期就可以算出火星的恆星週期（回到同一個恆星的位置）是 686 天，但他們也發現相對於恆星火星運行有兩種週期，一個是包括有 75 天逆行的 702 天週期，一個是沒有逆行的 540 天週期，通常是 7 或 8 個長週期後一個短週期，而且利用這個週期來標定季節。北魏時的天文學家張子信也發現行星的逆行、滯留及超前和 24 節氣有緊密的關係。

　　火星本來也有大氣層及海洋，但因為火星的磁場太弱，無法阻擋太陽放出的高速帶電粒子，所以水及氣體都被吹走了。因為火星軌跡很

偏平，所以每隔一段時間就會很接近地球，在 2003 年 8 月 27 日時火星就是有史以來最接近地球的時候，距離只有 5 千 6 百萬公里，2016 年 5 月 30 日又會很靠近地球。在火星和木星之間還有一層小行星帶（asteroid belt），這些星球碎片都很小，其中只有四個小行星比較大，最大 Ceres（名字來自羅馬的農神）的直徑為 950 公里，最近發現有一個冰層，這些碎片都是在太陽系形成時產生的，但因為受到木星重力的影響而沒有聚集形成一個星球，這些碎片有時候就會落到地球，地球上的隕石幾乎都是來自這個小行星帶，現存最大的隕石是在 8 萬年前掉在 Hoba（在非洲納米比亞）的鐵隕石，重達 60 噸，隕石在古代被認為是天上送來的神物，很多文明都建廟來崇拜隕石，最出名的大概就是在麥加的 Ka'ba 隕石，每年回教徒都要環繞這顆隕石，埃及的 Ben-Ben 也是鐵隕石，最早放在太陽神廟裡，埃及的方尖塔和金字塔的頂端都和 Ben-Ben 有關，小亞細亞的古代西布莉女神（Cybele）廟也是祭拜鐵隕石，現在認為隕石也是造成恐龍滅絕的原因。

木星（Jupiter）

木星是太陽系中最大的行星，它占了太陽系行星的 2/3 重量，它是一個部分氣態部分液態的行星，主要由氫氣組成，它的成分和太陽差不多，只是還沒有被點燃而已。它的一個特色就是有一個比地球還大的紅色亂流區，木星共有 67 個衛星，戰國時代天文學家甘德就用肉眼觀測到其中一個衛星，兩千年後伽利略用望遠鏡也看到了木星的衛星，這個發現顯然與古代認為所有星球都繞著地球轉的看法相衝突，因此也成為支持哥白尼學說的證據之一。木星因為質量很大，所以重力也很大，一些外太空來的流星軌跡會受到木星的影響，1994 年天文學家就看到木星受到一個流星 20 個碎片撞擊的驚人天象，木星的重力也會影響在小

行星帶的小行星，有時候就造成小行星碎片進入地球軌道而產生隕石撞擊。

　　木星的會合週期是 398.884 天，甘德測得 400 天，只差 1.1 天，隋《大業曆》測得 398.882 天，誤差只有 0.002 天，古代巴比倫的值則是 399 天。木星繞太陽的週期大約是 12 年，因此古代巴比倫就用它運行的位置來劃分黃道十二宮，在中國春秋戰國時期則用來紀年，稱為歲星，所以用歲星在天上的位置來標示地支的年度，稱為十二次，主要用於占星，但事實上它經過黃道十二宮的週期並不是 12 年，巴比倫天文學家經過七百多年的連續觀測 391 次偕日升（共 427 年）後，看到木星經過黃道十二宮 36 次和太陽及地球才又回歸到同一個星座的相對位置（科學史上最長的實驗！）所以 427 年才是它的回歸年，而每經過一次黃道十二宮需要 11.86（427/36）年。因為木星週期不是整 12 年，因此在占星術上就會產生誤差，而且它的運行方向和十二辰順序相反，有時又會逆行或者暫時停止不動，對於占星很不方便，為此古代占星術家就設計了一個 12 年週期運行方向相反的理想歲星，稱為「太歲」，「太歲」後來變為代表主要的守護神，和太歲相和則吉，相逆則凶，所以要避凶趨吉就要安太歲。

　　因為木星是最大和最亮（雖然金星比較亮，但不會在夜晚出現）的行星，因此古代文明都將它作為主神，木星古代巴比倫稱為「馬爾杜克」（Marduk），是從混沌中創造有序世界之神，迦勒底人稱之為「彼勒‧米羅達」（Bel-Merodach），埃及人稱木星為「阿蒙」（Amon），希臘人稱為「宙斯」（Zeus），印度人稱為「濕婆」（Shiva），羅馬人則稱為「朱比特」（Jupiter），都是各民族的主神。Jupiter 這個字是 Deus（羅馬人對 Zeus 的讀音）和 Pater（父親）的合併字，在羅馬還有 Jupiter 的神廟。

　　從現在天文學的推算，我們知道在公元前 3 年 8 月 12 日清晨，木

星和金星這兩顆亮星在空中會合，到了公元前 2 年 6 月 17 日，這兩顆亮星在獅子座（Regulus 亮星為標記）又再次會合，因為木星是主神，而獅子座又代表王權，因此有人就認為這兩個最亮的行星會合就是聖經所說的伯利恆之星。這個木星—金星—獅子座會合的天文景像在 2015 年 6 月 30 日又再次發生！是否有那一個聖嬰出生了？很湊巧，這兩年也都發生四次血月（月食）。

土星（Saturn）

土星是太陽系中第二大的行星，它也是主要由氫和氦組成的星球，它的特點就是有一個很明顯的外環系統，這個外環大部分都是冰塊，可能是土星的一個小衛星爆炸後剩下來的碎片，土星另外有 62 顆衛星，土星繞太陽的週期是 29.457 年，《五星占》記錄的值是 30 年，從地球看的會合週期是 378.092 天，隋《大業曆》測得 378.090 天。古代巴比倫把土星作為代表春天的農神，古代羅馬人則用他們的農神 Saturn 來稱呼它，Saturn 可能是從 satu（播種）這個字來的，因此土星的符號就是耕作用的鐮刀，其實羅馬原來就叫「Saturn 之城」（Saturnalia），每年冬至前在羅馬的 Saturn 神廟會有他的慶祝節日，稱為 Saturnalia，類似中國的臘八節（「臘」就是漢朝時的「歲終大祭」），都是農民慶祝冬天即將結束，迎接新春到來的節日，這個節日後來就演化成為基督教的聖誕節。希臘人則以 Cronus 取名，意思是時間之神。在古代羅馬人將一星期的休息日稱為 Saturn 日，星期六的英文「Saturday」就是這樣來的。

天王星（Uranus）及海王星（Neptune）

　　天王星及海王星是近代才發現的行星，天王星雖然肉眼也可以看到，但因為距離很遠（離太陽 30 億公里），亮度又低，所以一直沒有被注意到，到了 1781 年才由英國的 Herschel 用望遠鏡看到，原來以為只是一顆流星，後來才被證實是行星，天王星比較特別的是它的軸心是和它的軌道平行，就像在地面上滾的球。

　　海王星的發現比較特別，它的發現是先用數學預測出來，然後再用望遠鏡找到的。法國的天文學家博瓦（Alexis Bouvard, 1767-1843）在觀測天王星時，發現它的軌跡不符合牛頓定律，他認為天王星軌跡的偏差是因為受到一個未知星球重力的影響，後來兩位物理學家用牛頓定律去預測這個未知星球的位置，這個預測果然在 1846 年被證實了，這個新發現的星球就是海王星。海王星的發現過程不但證實了牛頓定律，而且奠定一個用理論及數學來預測自然現象的科學研究方式，是科學史上的一個重要里程碑。在海王星軌道外面也有類似的小行星帶，這個小行星帶在 1992 年才由柯伊伯（Gerard Peter Kuiper, 1905-1973）及埃奇沃斯（Kenneth Edgeworth, 1880-1972）發現，所以稱為「柯伊伯帶」（Kuiper Belt），形狀像一個甜甜圈，這個小行星帶有三個比較大的小行星（Pluto、Haumea 及 Makemake），柯伊伯帶的軌道會與海王星交叉，但因為它們的運行週期有共振關係所以不會相撞，Pluto（冥王星）是柯伊伯帶裡最著名的小行星。

Chapter 5

劃分太陽時鐘刻度的十二行宮：木星時鐘

　　住在靠近赤道的民族，北極星就會靠近地平面，離北極星較遠恆星的圓周運轉因為被地球遮住，只能看到半圓的運轉軌跡（白天陽光太強無法看到星星，因此只能在晚上向背著太陽的方向觀察，因此只能看一半的圓，另一半在地面下），好像這個星星會落到地平面下面，或再從地平面升起，因此就會用上述偕日升或偕日落的方式來觀察星象，尤其是以觀測離赤極較遠、黃道較近的星球為主，因此這些民族（埃及、巴比倫、希臘）的天文學都是以黃道為座標。在北極與赤道中間的人會看到北極星位在地面上的一個角度（這就是這個人所在位置的緯度，這是計算緯度最簡單的方法），比較靠近北極星的恆星仍然可以看到會以北極星為中心作圓周運轉，但離得比較遠的恆星就只能看到部分的圓形軌跡。兩河流域古文明因為主要是研究日、月運行，黃道使用起來比較方便，希臘雖然在伊巴谷時也使用過赤道座標來定星球位置，但在他發現歲差後就放棄了，並沒有變成西方天文的主流，一直到了十六世紀時丹麥天文學家第谷才開始在渾儀使用赤道座標（他還以為是他的創作）來作黃赤道座標的轉換，現在赤道座標已成為西方天文學的主流。

　　古代巴比倫天文學家為了觀測月亮和五個行星的運行，在空中找了

一些亮星作為座標，開始的時候他們用了標定四個分至點的亮星，後來增加到 17 到 18 個月亮和行星運行軌跡附近出現的亮星作為標記，到

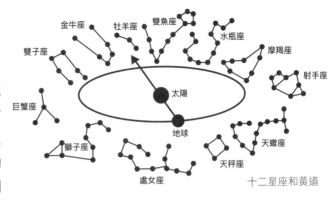

十二星座和黃道

了公元前七世紀時為了配合一年 12 個月的曆法，就改用 12 個星座來標定月亮運行軌跡，為了協調陰曆及陽曆古代巴比倫人才在公元前七世紀時將黃道人為細分為十二等份（記在三千多年前開始記錄的 Mul Apin 石板，就是星表的意思，Mul 是星），每一個刻度用一個星象來代表。但這些座標並不等距，到了公元前五世紀時（稱為新巴比倫時期），為了方便計算才更進一步選用 12 個星座來等分月亮運行軌跡，因為滿月對應的就是太陽的位置，因此這 12 個星座就變成太陽時鐘上的 12 個等距刻度，就像我們手錶上的時刻一樣，這就是 12 行宮的由來，這是由巴比倫的史官及祭師伽勒底人訂定的，伽勒底人是占星術的創始者，他們也是猶太人和阿拉伯人的共同祖先。

很多人並不知道巴比倫人如何選這些恆星座標，但從後來發現的一個稱為 Enuma Elish（創世記，可能就是《舊約聖經》裡的一些敘述的來源）的石板，巴比倫天文學家是用木星（Jupiter）的偕日升時出現的星象來標定十二個星座，Enuma Elish 裡就説馬爾杜克（Marduk，古代蘇美人的創世神）用木星（Nibir，代表 Marduk 的星）來定星座，將一年分成段落。他們用木星作時鐘的指針有幾個主要的原因，第一、木星的週期是 11.86 年（因此中國稱為歲星），剛好幾乎等一年的月數，因此每隔一個月有一次偕日升，而偕日升時的星象就可以用來標定月分、第二、月亮及行星運行的軌跡更接近木星的軌跡，第三、方便在夜

晚觀測，像月亮一樣，光亮的木星就代表太陽在地球的另外一邊，因此就可以用來作為太陽的時鐘。

中國古代也有類似十二行宮的十二次系統，這也是用木星的運行來劃分的，從十二次的名稱及位置來看，十二次系統大概就是源自巴比倫的黃道十二行宮，中國古代的十二次就是源自木星偕日升的觀測，這是黃道時鐘的刻度，有別於中國以北斗作指針從赤道時鐘定出來的十二辰刻度。但因為木星週期比 12 年稍短，中國天文學家很早就知道過一段時間後，木星就會比十二宮的星象早一些時間出現（稱為歲星超辰），西漢劉歆就算出每 84 到 85 年會有超辰，用起來不理想，因此改用一個假想的 12 年週期的行星（太歲，但方向和木星相反）來劃分黃道，稱為十二次。

「四維」或「四象」的觀念是比較古老的太陽曆，很多古代文化都有這種的概念，巴比倫的黃道十二宮其實也是分成四部分的，每一部分相當一個季節，由三個亮星來作指標，再用每一個亮星周遭的星星聯成一個圖形以方便記憶，就是所謂的星座，甚至編造一些有趣的故事來增加記憶，因為許多這些星座都用動物作為圖樣，因此稱為「獸帶」（Zodiac），這種劃分法很類似中國的四象二十八宿系統。每一季的三個星象都配合季節的特性及大自然現象的變化（冷、熱、乾、濕等），將之擴大解釋人生就變成占星術，現在占星術也是將十二宮分成四群就是這樣來的，但因為歲差的關係，占星術已和原來設立十二宮大不相同了。在達文西的名畫：〈最後的晚餐〉裡也可以看到耶穌的 12 個門徒是分成四群，四群代表四季，每一群三個人，就是根據這個古代的傳統，中間的耶穌代表太陽，而十二個門徒代表黃道十二宮。古代漢服的內衣上部前後各用四片布縫成，就是代表天的四個分際，下部用十二塊布縫成，代表十二地支，人穿上就代表人在天地中間。

中國的十二辰及二十四節氣

　　中國古代也發展出類似巴比倫十二宮的方法，不過因為中國古文明位於緯度比較高的地方，所以採用以赤道為座標的星象稱為十二辰（《周禮・春官・保章氏》），來協調「日鐘」和「月鐘」的時差，十二辰原來是依據北斗的斗柄指向赤道方向的亮星作標記來把太陽一年運行的時程人工分成十二段，《淮南子・天文訓》就說：「帝張四維，運之以斗，月徙一辰，復反其所。正月指寅，十二月指丑，一歲而匝，而復始。」就是說用斗柄指的方位來定十二月次，每段大約是30.44天，就是陽曆的人工月，月次就用十二地支（斗柄指的地面方向）來稱呼，例如正月就是北斗的杓星在黃昏時指寅的方向，所以稱為寅月，「寅」這個字其實就是古代量時間用箭矢作指標的「滴漏」時鐘的象形字（金文作 ），因此借用為時鐘的起始點。

　　後來為了更方便校正日月鐘的時差，將十二辰再細分十二段的間隔成為二十四段的節氣系統，太陽在每一段的開始的時候稱為「節氣」（時鐘上的奇數時刻），而太陽在每一段的中間時稱為「中氣」（時鐘上的偶數時刻），而成為二十四節氣，意思就是在太陽這個大鐘標上二十四個等距的時間點，每一個段落是 15.22 天（365.2422/24），因為朔望月平均是 29.53 天（月鐘時刻的間距），要比「中氣」到「中氣」（或「節氣」到「節氣」）的日數少，因此在某一個時候朔望月會落在兩個「中氣」（或「節氣」）中間（沒有「中氣」或「節氣」），這個時候日、月鐘大概就差了一個月，就必須加入一個閏月來調整時差，漢初落下閎等人所訂的《太初曆》就是把閏月訂為二十四節氣中間無「中氣」的月分，以符合農業的需要，當有一個月沒有中氣時，那個月就是上個月的閏月，這是相當有效的方法，這種陰、陽協調的曆法就是我們俗稱的農曆。《太初曆》也把初月一日訂為新年，就是我們每年都慶祝的農

曆新年——春節。《太初曆》基本上是一個很完善而且兼顧陰曆的太陽曆，但因為計算回歸年的日數有些誤差，而且沒有考慮日、月運行的不均勻，因此使用一段時間後就造成與天象不符，這個問題就變成歷代曆法改進的工作。

用一年日數人工來平分節氣會因為日、月速度（從地球上看的相對運動）的不均勻而產生與月的盈缺及日、月食不符的問題，意思就是說這兩個時鐘都不是圓形，但在微積分發明之前只能用近似的方法去校正，因此後來隋朝劉焯才在《皇極曆》將太陽不均勻運行的因素考慮進去，用實際觀測日月交會及推算來作為訂定大月或小月的準則（稱為「定氣」），他用二次函數的內插法（招差術）來改善趙爽的一次方的內差法，校正太陽表影在一年中不均勻的變化，這個問題要等到唐朝張遂（一行）作的《大衍曆》用非線性二次內插法校正才得到更好的曆法。

中國這個系統的十二「中氣」也是用赤極星象來定太陽運行的位置，例如第一個月是「孟春」，就是用「昏參中，旦尾中」的天象來訂定，所以當時針（北斗）指向某個星象時，我們就知道是那一個月，並可以和朔望月作對比來訂時差，這是用人工定出的陽曆月的天數來校正和朔望月天數的差別來作插入閏月的依據。但我們不知道這個人工月是怎麼訂出來的，一個可能就是利用地球自轉的週期與日夜週期的時差作出的。地球自轉的週期是 23 小時 56.1 分鐘（稱為恆星日），所以偕日出的星星會比前一天早 3.9 分出現（這是因為自轉時同時又繞著太陽轉的緣故），每 30.44 天（一年日數的 1/12，相當於一個人工「月」）就差了兩個小時（2/24 ＝1/12，即一天的十二分之一），如果用地軸為中心在北極上空畫一個分成 12 等份的大鐘，那麼人們就會看到北斗星這個指針每 30.44 天（一個人工月）就會在這個鐘上移動一格（兩個小時），這是符合地軸自轉時鐘的人工「月」，這個人工「月」是一個以赤道為座標得到的太陽時鐘。

第 三 篇
大時鐘

Chapter 1

地球的大時鐘：歲差、大年

地是圓的！

　　從日常經驗，古人很自然的認為地是平的，而且是在天球的中央，古代巴比倫和中國都認為天圓地方，但一些古代的希臘哲學家（例如畢達格拉斯）就開始提出地是球形的假說，他們認為如果太陽和月亮都是圓形的，那麼地也應該是圓形的，而且月食時月亮上的陰影也可以看到地是圓形的，亞里斯多德在從埃及往北回去希臘的途中就發現一些在埃及看到靠南邊的星座消失了，如果地是平的，應該不會有這樣的現象，另外在海邊看到從遠方進來的航好像是從海平面冒出來，這些現象都符合地是球形的假說。在第二篇，我們說住在北方的人看到星星會繞著一個中心點轉動，但中心點並不天空的中間，而是和地平面有一個交角，而且越往北走，這角度越大，到了北極這個中心點才會在頭的正上方，所有的星星才會繞著這個中心轉，相反的，越往南走，交角就越小，靠近赤道時中心點就幾乎在地平面上了，這個事實就告訴我們地不是平的，中國古代的天文學家雖然知道這個現象，但卻一直頑固的堅持天圓地方的舊觀念，當札馬魯丁在元朝時帶了地球儀到中國時，仍然無法改

變這個錯誤的觀念，只有到了明朝西方傳教士才改過來。

傾斜的地軸

我們現在知道一年四季的氣候變遷是因為地軸傾斜受到不同量陽光的緣故，但古代人怎麼會知道地是傾斜的？古代在北半球的人用表圭在夏至中午測日影，發現越往北日影越長，越往南日影越短，到了北回歸線時就沒有日影了，這個事實告訴我們地軸和黃軸並不平行而有一個交角，希臘天文學家埃拉托塞尼（Eratosthenes, 275-194BC，著名的亞歷山大圖書館的館長，地理學之父）就是根據這個假說用幾何的方法算出地球的周長（見第四篇）。

古代中國就用一個神話來說明為什麼地軸是傾斜的，在《淮南子·天文訓》裡就說：「昔者共工與顓頊爭為帝，怒而觸不週之山，天柱折、地維絕，天傾西北，故日月星辰移焉；地不滿東南，故水潦塵埃歸焉。」因為共工撞到天柱，天柱折斷，才會使天向西北傾斜，所以河水也都往東南流。古代希臘哲學家也都在討論為什麼天柱會傾斜。

古代人很早從表圭日影隨著季節的變化就知道地球的軸心和太陽運行的軌跡（事實上是地球繞太陽運行的軌跡）成一個傾斜角，他們從觀測太陽相對於恆星的運行，把太陽的運行軌跡畫成一個圓形，稱為 ecliptic 圓（就是中國所謂的黃道），ecliptic 這個字是 eclipse（日、月食）的形容詞，因為日、月食都發在這個平面，地球以赤道所形成的平面方向和黃道所形成的平面有一個 23.5 度的傾斜角，公元前五世紀的希臘天文學家恩諾皮德斯（Oenopides of Chios）就已經知道黃道（日、月、五星運行的軌道）和赤道（恆星繞著赤極運轉的軌道）有一個交角，並用幾何學算出傾斜角為 24 度（圓的 15 等分），後來埃拉托塞尼在擔任亞歷山大圖書館館長時就更精準的算出這個黃赤道交角的值，他的

他的作法是選擇一個在夏至時太陽直射地面的地點（就是我們現在所謂的南北回歸線上），因為在夏至時太陽在最北，太陽光和赤道的角度就是黃赤道的交角（在中國稱為黃赤大距），因此只要量出當地的緯度就可算出黃赤道的交角，他得到的值是（（11/83）×180° =23.8554°，一般的方法是用表圭定出在冬、夏至日影與春、秋分交角的值，冬、夏至日影交角就是黃赤交角的兩倍。在相同時期，《周髀算經》也是用一樣的方法得到很準確的角度值（23° 39'，現值是 23° 16'21''，因為在這段時間交角值每 100 年減少 47''，推算到 4000 年前大約是 23° 47'），因為《周髀算經》中日影在冬、夏至的長度和四千多年前陶寺遺址所推算出來的值幾乎相同，因此《周髀算經》計算的黃赤交角大概就是堯舜時代得到的值，如果如此，那應該是世界上最早、最精確的天文數據。中國天文因為使用赤道座標系統，但許多星星都分布在黃道附近，因此必須將赤道座標轉換成黃道座標，計算黃赤道交角的值就很重要，所以張衡的渾天儀就有以 24 度相交的黃道及赤道環，唐朝徐昂定出的值是23° 34'55''，到了元朝郭守敬重新測量而得到 23° 33'23'' 至 23° 33'24''之間。黃道和傾斜的赤道產生的兩個交點就是春分和秋分，因為春秋分和農作息息相關，因此是古代天文學的研究重點。地軸傾斜角在過去從22.1 變到 24.5 度，變化的週期大約是 40000 年，現在這個角度正在減少。

歲差：會移動的時鐘刻度！

古人為了便於記憶，把看起來相近的恆星聯起來成為星座，有些星座的位置剛好在太陽運行軌跡（事實上是地球繞太陽的軌跡）附近的方向，星星在白天是看不到的，古人之所以知道某個星座是在太陽軌跡

的視角附近是用上面所説的偕日出的觀察方法定出來的，在距今四千多年前巴比倫人為了方便觀測太陽的運行，就把這些恆星分成十二個星座（因為地球軌道稍為不同，現在應該包含十三個星座），並用動物圖像來代表這十二個星座（zodiac，意思是動物圓圈），這些星座有不同的偕日出的時間，在早期的埃及和巴比倫這些星座和自然現象及宗教有密切的關係，這就是現在占星術星座的起源，包含這十二星座的圓形帶就稱為「黃道」（所以稱為黃道是因為古人在標記天象圖時用黃色來標記太陽的軌跡）。

古代巴比倫人經過很長期的觀測及記錄，發現在某個時期的春分的偕日升星座會隨時間改變換成另一個星座，後來伊巴谷測量 Spica（角宿一）和其它亮星的經度，並將它測量的數據與前輩提默洽里斯（Timocharis, 320-260BC）和阿里斯基爾（Aristillus, ? -280BC）的數據比較，他的結論是在 148 年間 Spica 相對於秋分點移動了 2 度（在公元前 125 年發表在他的著作《關於至及分點的位移》，現已佚失）。他也比較了回歸年（太陽回到同一個分點）和恆星年（太陽回到相同的恆星背景）的長度，並且發現了微小的差別。伊巴谷推斷春分點會在黃道上移動（歲差），如果用赤道觀測系統往北極看就會看到北極星換成另外一個星，這就是所謂的歲差（precession of equinox），中國則是在晉朝初年才由虞喜發現，後來祖沖之算出冬至點星象每 46 年移動一度，隋朝張冑玄則修正為每 83 年移動一度。

因為星象是古代用來定時的時鐘刻度，歲差現象的發現表示這個時鐘刻度也會隨時間變動，這對於需要依靠恆星位置來訂定曆法的古代天文學家是一個很大的打擊，有些天文學家如唐朝的李淳風就不相信有歲差的現象。

用現代的數據，恆星年和回歸年每年只差 0.01416 天（20 分鐘 24.5 秒），在古代用肉眼是很難觀察到這樣小的差距，但這個小差距

經過很多年的累積後就會產生很大的差距，因此用回歸年定出來的春分點相對的星象在經過很多年後就會產生位移，這就是所謂的「歲差」，每年 20 分鐘 24.5 秒的差距經過 25794 年（現值 25771.51）後就會整整差了一年，也就是恆星年和回歸年又回到同一個起始點，這個近 26000 年的週期就是所謂的「大年」。

柏拉圖在他的著作 *Timaeus* 裡提出日、月及行星都運轉同時回到相同點所需要的時間的概念，他稱之為「完美年」，柏拉圖這個概念可能是他在埃及留學 13 年時從埃及祭師那裡學到的，羅馬哲學家西塞羅（Cicero）將之稱為「大年」。從一個星座出現到另一個星座出現的時間大約是 2160 年，因此這十二個星座就像在一個大時鐘上面的十二小時的標記，可以用來決定一個比較長稱為「大年」的天文週期。

為什麼會有歲差的現象？為什麼恆星年和回歸年的日數不相同？托勒密認為歲差是因為帶有恆星的天球會旋轉的緣故，從托勒密到了哥白尼的時候春分點的星象已經移動了 21 度，為了解釋這個星象位移，哥白尼根據他的

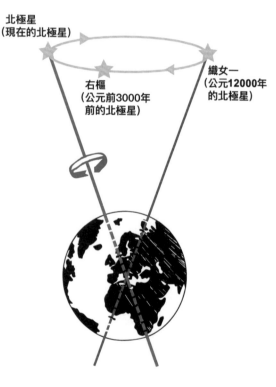

↑ 地軸在 26000 年的轉動週期和北極星的變化

地動說的想法，提出這個現象是由地球傾斜的軸心像陀螺一樣旋轉的看法（這是哥白尼學說的第三個地動，其他兩個是地球自轉及公轉），牛頓則進一步用重力定律解釋軸心為什麼會像陀螺一樣旋轉，他認為這是因為地球自轉使地球變成比較扁平，在赤道比較突出的部分受到太陽和月亮重力的影響而使地軸產生像陀螺一樣的旋轉，旋轉的中心也就是黃道（地球繞太陽的軌跡）的中心軸線，牛頓也準確的算出這個旋轉的週期（但後人發現牛頓用錯誤的數據卻得到符合觀察的結果！）。

這就好像你坐在一個旋轉的圓盤上看一個大燈光，每隔一定時間（圓盤旋轉的週期）你會正對這個燈光，如果燈光後面不同位置有一些小燈，而且圓盤的傾斜度會改變，那麼當你每次正對大燈光時看到的小燈位置都會不太一樣。

根據哥白尼和牛頓的理論地球軸心會在天空中畫一個大圓（見左頁），因此地軸指向的亮星就會隨著時間改變，例如四千多年前靠近赤極的亮星是右樞（Thuban，在天龍座 Draco），現在已經換成北極星（勾陳一，Polaris）了，公元 12000 年時就會換成織女星（Vega）。這個運動週期大約是 2 萬 6 千年（現在精確的值是 25772 年，而且這個值會隨時間增長），這個時鐘的每一個小時大約相當於我們 2160 年，每一分鐘相當於 36 年。古埃及代表日神的火鳳凰 Benu 每隔 12,594 年在火裡死亡後由它的蛋 Ben-Ben 再生，這個年數剛好就是大年的一半，經過這個時間地軸方向轉了 180 度，以往用恆星位置定出的夏至就變成冬至，但用現在的曆法就不會有這個現象，只是北半球夏天時會離太陽比較近，而產生些微的氣候變化，古埃及人大概經過很長期的觀察才得到這個週期。Ben-Ben（鳳凰，代表靈魂）再生時圍繞著是 48 隻用 24 個蓮花（一天的時數，蓮花代表再生）間隔的山羊（生命力），這個圖像現存於法國羅浮宮。在馬雅人的曆法，1,872,000 天是一個大週期，這個週期是 5125 太陽年，差不多就是大年（25770 年）的五分之

因此古代埃及和馬雅人可能就已經知道歲差了。我們每天平均呼吸的次數大約是 26000，這個數字剛好和大年的年數差不多。

但是地球繞太陽的軌跡並不是完全不變的，它的形狀會從接近圓形變成比較偏平的橢圓形，這個變化的週期大約是 96000 年，地球繞太陽的軌道本身也會旋轉（apsidal precession，週期大約 10 萬年），這個地球繞太陽的軌跡的變異會使「大年」的天文週期縮短成大約 21000 年左右。

地軸轉動的變化：章動（Nutation）

事實上地球軸心的旋轉並不是很平順，地球軸心這個圓周運動其實相當複雜，因為影響這個運動的月亮本身也在作運動，使地軸晃來晃去，這個現象稱為「章動」（nutation，見下圖），因此地球軸心會產生一個 18.6 年的章動週期，章動會使地球軸心旋轉的速度不均勻，軸心的傾斜角也產生變化，造成歲差的變化，也會造成南北回歸線位置的改變，通過嘉義的北回歸線位置就每年位移 14.5 公尺，這是因為地球並非正圓形，而且影響傾斜角的太陽和月亮的位置並不是固定的緣故。章動這個現象是英國業餘天文學家布拉德萊（James Bradley, 1693-1762）在 1728 年發現的，他經過長期仔細觀測恆星位置的變異而得到這個結論，不過他並不知道造成這個現象的原因，20 年後著名的數學家歐拉（Leonhard Euler, 1707-1783）才用物理解釋這個現象。

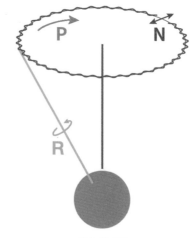

地軸的章動

地軸轉動的變化：晃動（極移）

　　事實上地球的自轉相當複雜，這是因為地球並不是正球形，也並不是一個均勻的物體，地球上的海洋、大氣及地心的流動都會影響地球軸心的圓周運動，因此在自轉時地軸就會產生晃動，這個極軸的晃動稱為極移，牛頓在瞭解地球是扁球形時就預言地軸會產生晃動，這個現象在 1891 年被一位美國業餘天文學家錢德勒（Seth Carlo Chandler）證實了，所以這個現象稱為錢德勒晃動（Chandler Wobble），這個晃動會使地軸繞著一個半徑大約 9 公尺的小圓圈轉，晃動的週期大約是 433 天，地軸的晃動和地質的變動有關，物理學家現在仍在探討造成地軸晃動的因素，2011 年日本大地震就使地軸移動了 10 公分，地殼的移動及氣候變化也會使地軸位移，從 2005 到 2013 年北極的位置就向東移了 1.2 公尺，住在北極圈的愛斯基摩人就覺得星星和月亮的位置改變了。

　　因為一個地方的緯度是根據北極地軸中心位置來訂的，地軸的晃動會造成在地球表面緯度位置隨時間的變動，這對於衛星定位系統是一個很頭痛的問題。

有趣的大年數字

　　2160 是一個有趣的數字，月球的直徑差不多是 2160 英哩，而地球到月球的距離也差不多等於 216000 英哩，太陽中心到地球的距離是 93465000 英哩 =2160×43200 =20×2160×2160，而每天有 86400 秒 =2160×40，埃及大金字塔底部的長度剛好是地球赤道長度的 43200 分之一，太陽的直徑是 864000 英哩 =43200×20 = 2160×400=11×22×33×44×55，這個數字也剛好是 10 天的秒數，地球的直徑 7920 英哩加月球的直徑等於 10080 英哩，這個數字剛好等於 7 天的分鐘數

（7×24×60=10080），而 1×2×3×4×5×6×7=5040 剛好是月球及地球半徑的和（英哩），如果以這個值作高，地球的半徑作底形成一個直角三角形，那麼根據畢氏定理弦長就是地球半徑的 1.618 倍，也就是黃金分割值，而 5040 除以地球半徑 =1.2727 大約是黃金分割值的平方根，這樣的直角三角

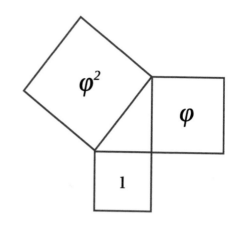

↑ 開普勒（Kepler）三角形

形稱為開普勒（Kepler）三角形，埃及金字塔就是用開普勒三角形設計的。

古巴比倫及維京人神話裡也都出現 432000 這個數字，古印度的一個大週期也是 432000 年（Kali Yuga），依北宋邵雍《皇極經世》的演算，地球運行，每至十二萬九千六百年為一元，129600=60×2160，一元中分為十二會，每會一萬零八百年，10800=5×2160。而 2160 是 6×360，古代巴比倫記載類似諾亞方舟的故事，這個方舟的體積剛好是 60 單位的三次方 = 216000 單位，而方舟是用來載動物，和 zodiac 的意思吻合。

60 是巴比倫發明的數字進位單位，大概在三千五百年前開始使用，他們把圓分成 360 度，以方便天象的觀測。在古代中國殷商時也有 60 進位的制度，這是從天干（甲、乙……癸十個字，用來標記一旬十天的日子）和地支（子、丑……亥等十二個字，代表陰曆的月數）的最低公約數取出的排列組合，到現在還有人在用這個系統來紀年，比如 2005 年是從公元前 2697 年黃帝稱帝後第 78 個循環的第 22 年，也就是乙酉年。另一個說法是天干代表夏代把陽曆分為十月的名稱，現在西南少數

民族仍保有十月曆法。

　　古埃及則是用十進位的系統，每一個月分成三個「旬星」（decans，埃及人把天空分成 36 等分，每一等分各有一個星座稱為「旬星」），每個旬星十天，中國古代的漏刻的百刻記時法也是 10 進位，但也有像巴比倫的 12 時辰記時法，有趣的是在 1793 年法國大革命後也把一週改成 10 天，一天改成 10 小時，每一小時 100 分鐘，每分鐘 100 秒，完全用 10 進位的計時方法，但這個制度只有實施 18 個月就被廢掉了。埃及人把每一個月分成三個旬星，主要是因為這樣一年就有 36 個，剛好每一個旬星相當於當時埃及的 36 個星座，可以方便命名及記憶。 12 進位和 10 進位是古代人類用手指數東西的計算方式（12 進位是用姆指數其他四隻手指關節，4×3=12），巴比倫人可能為了貿易方便把這兩個進位制度合併成 60 進位制度（稱為 soss）。

歲差和人類文明的演變

　　因為地球自轉軸心角度的改變的關係，這個「日鐘」的刻度會隨時間產生位移（就好像你坐在旋轉木馬的方向改變了，看到的景色就不同了），就無法再用來校正「日鐘」和「月鐘」的時差，而變成更大時鐘（大年）的刻度了，也就是所謂的「時代」（age）的觀念。比如說在春分時當太陽經過金牛座（Age of Taurus）就大約是人類文明開始的時期，雙魚座（Age of Pisces）就是人類宗教興盛的時期，我們現在則在水瓶座等等，這也是西方占星術的起源。巴比倫的星座名稱其實和當時的社會背景及人類文明發展有密切的關係。金牛座時代（公元前 4700 到 2500 年）是古文明農業開始快速發展的時期，在那個時期埃及及蘇美人剛剛發明用牛犁田的技術，使農業收成大幅成長，耕牛變成重要的資產及崇拜的對象。埃及和巴比倫在這個時期發明了文字及數學，也發

明了青銅器的冶鍊技術，在中國北方是仰韶、紅山及馬家窯文化時期，南方是河姆渡文化，也是中國青銅器及農業開始發展的年代。

埃及祭師看到在春分時有一些星星偕日出，就將這些星星用他們崇拜的牛圖騰來作記憶（事實上這些星星很難聯成像牛的樣子，這些聯起來只像牛角而已），就成了金牛座，因此他們的神哈索爾（Hathor）就是太陽在牛角之間的圖像，代表太陽在春分時位於金牛座的牛角，哈索爾也是用牛來代表，在蘇美人這個神稱為 Baal 或 Bel，就是 Babylon 及 Bull（公牛）字的字源。同一時期希臘的米諾安古文明（Minoan）也有牛崇拜，最有名的就是希臘神話裡的人身牛首怪物 Minotaur（Minos 是在克里特島的古文明，taur 就是牛），同樣的，在印度也有牛崇拜，而且延續至今。在金牛座時代中國文明初期的神農氏被稱為「人身牛首」（《史記補三皇本紀》），龍山文化時期的蚩尤頭上就是帶有牛角，到現代苗族（蚩尤的後代）婦女頭上仍然以牛角作裝飾，正是「人身牛首」的最佳印證。

但當埃及祭師發現金牛座星群再也不在春分時偕日出時，就用他們在冬至祭神的羊圖騰來代表在春分時偕日出的星群，就是白羊座（Aries Constellation，在中國西方白虎的婁及胃宿）。白羊座的時代（Age of Aries），大約公元前 2200 至 100 年，這是代表古代另外一個重要的產業——畜牧業，在三到四千年前當人們學會有效的用綿羊毛紡成線來織布後，綿羊可以提供衣、食的需要，因此綿羊變成是一個非常重要的資產。在這個時期（Middle Kingdom，公元前 2050 至 1650 年）埃及在首都底比斯（Thebes，現今卡納克〔Karnak〕附近）地方建立一個巨大的神廟群，主廟祭拜的主神 Amun-Ra 就是一個羊的圖像，在廟的進口處有一排羊的雕像，羊在許多宗教扮演祭神的重要角色，猶太教和基督教裡就有很多和羊有關的故事。在中國同一個時期建立夏朝的羌族也是以羊為圖騰，殷商時期也有很多羊首的青銅器，中國字也有不少與

「羊」有關的字如祥、美、義、善、羲等，周朝的姜姓就是來自這個圖騰。

白羊座時代是人類社會產生巨大改變的時期，現代地球科學的研究證實在金牛座及白羊座的過渡時期（大約公元前 2200 年）地球氣候突然產生很大的變化，先有大洪水，接著溫度突然下降，氣候變成乾旱，農業歉收，社會動亂，戰爭頻繁，造成蘇美、阿卡德（Akkadian）、埃及、希臘米諾安（Minoan）及印度哈拉帕（Harappa）文明沒落，當氣候漸漸變好的時候，新的文明（埃及的新帝國及亞述帝國）興起，也產生新的宗教如埃及崇拜羊的宗教 Amun-Ra，從大祭師的後代亞伯拉罕（Abraham，他是迦勒底人）則發展出猶太教及後來的基督教及回教，在這個時代摩西帶領猶太人出埃及，米開蘭基羅塑造的摩西像頭上就有羊角（現存羅馬的聖彼得教堂〔Church of Pietro〕），象徵白羊座的時代（不過有對摩西的羊角的另外看法）。在中國這天候的變化造成黃河大氾濫，使龍山文化遷移轉型為二里頭文化，大禹治水及建立夏朝就在這個時期，而在南方的良渚文化也在這個時間點消失了，接著的乾旱和地震也造成夏朝滅亡，而新興起的商及周朝則塑造了中華文化。

也因為天候的巨大變化迫使印歐民族從黑海地區向四方遷移，在印度、伊朗、希臘及歐洲地區建立他們的王國，甚至遠至中國大陸西北，造成人類文明的大變革。這個時代也是從青銅器轉成鐵器，三千多年前在印度及小亞細亞開始製造鐵器，文字書寫的典籍也開始大量出現。

我們現在已在雙魚座（Ages of Pisces）時代的尾聲將進入水瓶座的時代了，雙魚座是宗教興盛的時期，現在的幾個大宗教：基督教、佛教、回教、道教都在這個時期興盛起來，在這個時期基督教的一個早期符號就是魚，在新約聖經裡常提到水和魚。

Chapter 2

地軸傾斜和氣候變化的關係

地球的能量來自太陽，因此當地球接受太陽的能量產生變化時，就會影響氣候（空氣冷熱、海水及空氣流動、下雨、下雪等）及生物的生存。有很多因素會影響地球太陽接受太陽的能量，直接的因素是地球繞太陽軌跡及地軸傾斜角（包括緯度）的變化，間接的因素是阻礙陽光，例如雲、煙塵（人為、火山爆發、隕石撞地）等，或散發太陽傳到地球的能量，例如地殼的輻射熱、冰雪的反光等，或增加太陽能的吸收，例如溫室效應氣體。

太陽能量的變化

太陽的能量有一個大約 11 年（9 到 14 年的平均）的週期，這是施瓦貝（S. H. Schwabe）在 1843 年從太陽黑子的觀察得到的，太陽黑子最早是由中國發現的，在三千多年前的甲骨文已有記載，《漢書·五行志》就有這樣的描述：「日出黃，有黑氣，大如錢，居日中。」「黑子」這個名字最早出現在《晉書·天文志》：「日中有黑子、黑氣、黑雲。」中文的「日」字中間那一橫就是代表太陽黑子（段玉裁注：「○

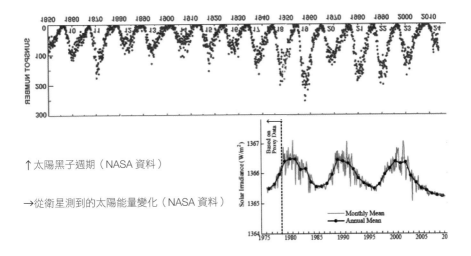

↑太陽黑子週期（NASA 資料）

→從衛星測到的太陽能量變化（NASA 資料）

象其輪廓，一象其中不虧，蓋象中有烏，武后乃竟作。」）

　　太陽黑子是太陽磁場的振盪風暴，這個磁場變化週期是 22 年，我們看到的黑子的週期只是這個週期的一半，因為在磁場抑制了激烈的對流，造成磁場變化的地方溫度比較低，看起來比較暗，所以才產生黑子的現象。著名的十七世紀小冰河時期，太陽黑子的數目就達到最低值（Maunder Minimum），因此有人認為太陽能量的變化會影響地球的氣候，但因為會影響氣候的因素很多，從地球上找到的資料都無法確切的證明太陽黑子數目的變化是影響地球氣候的重要因素，為了解決這個問題，美國太空總署（NASA）在 1980 年開始在衛星裡放置測量太陽能量的儀器，這樣在地球外面量到的太陽能變化果然和黑子數目的變化正相關，但測到的能量變化很小，因此現在科學家認為，這些短期的太陽能變化只會對整個地球的氣候產生些微的影響。

地軸傾斜和季節變化

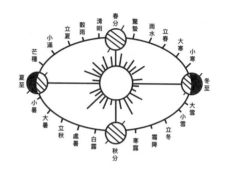

雖然太陽能的變化對整體地球氣候不會產生太大的影響，但因為地球是球形，而且地軸是傾斜的（見第一章），因此在不同時間及不同緯度接受到的太陽能就會不一樣，因為有這個傾斜角所以才產生地球上春夏秋冬四季，當北極偏離太陽時（見上圖），陽光的方向和地球的軸的方向並不垂直，北半球受到的陽光較少，天氣較冷，白天的時間也較短，就是冬天（因此冬天並不是地球的運行軌跡離太陽比較遠），而且緯度越高，陽光越少，溫度越低，而南半球則為夏天。相反的，當北極偏向太陽時，北半球就是夏天而南半球是冬天，在北極離太陽最遠時就是北半球的冬至，而南半球則是夏至，在冬至及夏至中間時，陽光的方向和地球軸的方向垂直，因此北半球和南半球受到的陽光相同，白天與晚上的時間相同，就是所謂的春分和秋分。

地球傾斜角及運行軌跡的變化和氣候

現在地球的傾斜角大約是 23.44 度，但在過去這個角度也並非一直是 23. 44 度，事實上這個傾斜角在 21.39 到 24.36 度中間變化，這個變化的週期平大約是均 41040 年，這是法國科學家奧本‧勒維耶（Urbain Leverrier）在十九世紀中期發現的。在 8000 年前，傾斜角大概是 24.1 度，而且剛好這時候地球在夏天時最接近太陽，造成非洲撒哈拉地區變成沙漠，現在地軸傾斜角每一百年會降低 47 秒的角度，在公元 11800 年時就會達到最小值，然後再開始進入下一個變化週期。

地球傾斜角的變化和地球的氣候有很密切的關係，當傾斜角比較小時，夏天的北極地區會接受到比較少的太陽能，造成冰不容易融化，而且因為冰會反光，這樣就造成惡性循環，使冬天產生的冰累積，而產生冰河時期，相反的，當傾斜角比較大時，就會使冰融化，因此傾斜角的變化，就會造成冰河時期的週期變化。

　　但不是每一次較大的傾斜角變化就會造成冰河時期，這是因為地球自己會產生回饋來改變溫度，陽光會受到冰雪的反射就是一種使溫度變得更低的正回饋過程，但影響冰河時期長短的因素很多，例如當冰河大量形成時，水氣減少，到了夏天就促成海水的蒸發及冰的昇華，造成冰河的退縮，海水及空氣的流動也會影響地球的氣候，另外溫室氣體會吸收太陽的能量，使溫度升高，隕石撞擊和火山爆發產生的大量煙塵會遮住陽光，使溫度快速下降，例如十七世紀著名的小冰河時期就可能和火山爆發有關，我們現在知道從十三世紀開始，在世界各地就有多次的火山爆發，1595 年南美哥倫比亞的魯伊斯（Ruiz）火山及 1600 年時祕魯的于埃納普蒂納（Huaynaputina）火山相繼產生大爆發，造成 1601 年（明神宗萬曆二十九年）變成 600 年來地球最冷的一年，雲南在九月產生大雨雪，各地也產生旱災（明朝旱災多達 160 次），俄國也因為農作物歉收而造成大饑荒，死了近兩百萬人（1/3 人口）。1640 日本北海道駒岳（Kamagra-Take，駒ヶ岳）火山大爆發，接著 1641 年菲律賓帕克（Parker）火山大爆發，歐洲氣候變得非常寒冷，世界各地因為水氣下降都產生旱災，這些天災使世界各地產生動亂，在 1640 中國發生長達 7 年的大旱災，這是造成明朝在 1644 年滅亡的一個重要原因。

　　但地球繞太陽運行軌跡相當複雜，這個隨時間變化的複雜運行軌跡就會使地球在不同時候接受到不同量的太陽能，而產生氣候的變遷。首先，因為地球運行軌跡是橢圓形，而且橢圓的程度會有週期性的變化，這個週期大約是 10 萬年（因為受到其他行星重力的影響，也會有

一個 40 萬的更大
週期），因此有
一段時間就會比
較靠近太陽，或
比較遠離太陽，
所以接受到的太
陽能會有一點差
別，

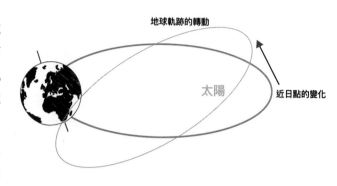

當橢圓的程度最小和最大時，季節之間的太陽能變化大約分別是7%
和 20-30%。但因為地軸轉動（歲差）的緣故，最近太陽時，有時候北
極是傾向太陽，北極溫度就會比較高，造成冰的融化，相反的，如果離
太陽最遠時，北極是遠離太陽，那麼結冰就會增加，所以冰河時期的週
期變化和地軸傾斜角及地球軌跡橢圓程度的變化都有關係。這個理論最
早是由南斯拉夫物理學家米蘭科維奇（M. Milankovitch, 1879-1958）在
1930 年時提出來的，所以稱為米蘭科維奇假說。另外，除了軸心傾斜
角的變異，地球繞太陽的軌跡形狀及傾斜角也會因為其他星球重力的影
響產生些微變化，地球繞太陽的軌跡也會產生轉動（Apsidal rotation，
週期為 112000 年），這些變化會使陽光照到地球的量產生變化，而影
響地球的氣候。

地球氣候變遷和人類文明的關係

人類開始演化大概在兩百多萬年前，這個時間點剛好是從上新世
（Pliocene）時期轉成更新期（Pleistocene Epoch，260 萬至 1 萬 2 千
年前），地球天氣變冷變乾，這時期的氣候及環境變化可能就是促進在
非洲的人類演化，更新期的後半段（70 萬至 1 萬 2 千年前）地球至少
有 5 個冰河時期，冰河主要在北半球，冰河時期之間是比較溫暖的時候，

為了適應這種劇烈的氣候變化，人類就發展出各種工具，例如在冰河時期打獵的器具、技巧、取火及社會結構，以取得肉類食物及保暖用的毛皮，也因為氣候及環境的變遷，造成人類遷移到世界各地。到了 1 萬 2 千年前，地球溫度突然上升，結束了冰河時期，人類才開始進入農業社會，發展出現代文明。

我們怎樣知道古代地球溫度的變化？這是用水分子中氧原子的同位素比例來決定的，氧原子有兩種主要的同位素，比較輕的在原子核裡有 8 個中子，比較重的有 10 個中子，雖然重量差別很小，但經過長期的過程就會產生「失之毫釐，差之千里」的效果。當水揮發時成蒸氣時，含有比較輕氧原子的水就會比較容易變成蒸氣，相反的，當水蒸氣凝結成水或冰時比較重的水就會先凝結，水的揮發或凝結和當時的溫度有關，因此這兩個氧原子同位素的比例就可以用來量測當時的溫度的變化，從在兩極不同冰層的分析就可以知道溫度的變異，1993 年科學家就發起在格陵蘭（Greenland）鑽取不同層次的冰來瞭解過去地球溫度及氣候的變化，但在熱帶就需要借助沉積珊瑚殼或貝殼裡碳酸鈣的氧原子同位素來計算，當水的溫度比較高的時候碳酸鈣裡就有比較多的重氧原子。冰層的研究告訴我們在 15000 至 10000 年前地球氣候有很大及短期的劇烈變化，這些變化顯然無法用地軸或軌跡的長時間變化來解釋，這可能是因為我們還不太瞭解地球對外界影響的複雜回饋過程，現在科學家正在努力研究氣候變化的因素及過程，以找出預測將來氣候大變化何方法。

Chapter 3

太陽運行的大時鐘：銀河年

　　銀河星系是一個像颱風暴風圈扁平的旋渦，厚度大概是 3000 光年，半徑大約是五到六萬光年（一光年等於 9.46×10^{12} 公里），旋渦的中心是一個黑洞，太陽系只是銀河星系數千億星球中的一個微小行星系，現在我們知道還有一千多個有二至六個行星的星系，我們用眼睛在天空可以看到的星星都是在銀河中比較靠近我們的亮星。太陽系位於這個旋渦的一個旋臂裡，離銀河的中心大約 26000 光年，太陽系會以每秒 225 公里的速度繞著銀河星系中心旋轉，旋轉的週期大約是兩億兩千萬到兩億五千萬年，稱為銀河年（現在已經在第 20 銀河年了），這個時鐘的每一小時刻度就大約等於一千八百萬年，而銀河系統本身也以每秒 400 公里的速度運行。

　　太陽系是從天狼星朝著織女星（Vega）的方向繞著銀河運行（稱為 solar apex），如果從銀河上方的后髮座（Coma Berenices）往下看，那麼太陽系是以順時鐘方向繞著銀河中心轉動，大約每 1.35 億年會經過銀河的一個旋臂，但這個軌道是以波浪的方式在銀河平面穿插，大概是每 6 千萬年通過一次，我們現在大概在這個扁平旋渦上方 100 光年的地方，大概再經過 3 千萬年就會穿過銀河。加州柏克萊大學兩位物理

教授用電腦計算出地球生物滅絕的週期是 6 千 2 百萬年，這個數字剛好和太陽系穿過銀河面的週期吻合，當穿過銀河時可能就會受到很多流星的撞擊，因此有人就猜想可能是造成生物的大量滅絕的原因之一。因為太陽系的運行，我們看到的星座位置也會跟著產生變化，因此星座只能作為暫時的時空座標。

因為銀河平面和黃道平面的交角大約是 60 度，和赤道幾乎垂直，因此銀河對我們而言是南北走向，這兩個平面的交點大概在冬夏至的附近，在北半球夏天及秋天夜晚時銀河和地平面交接處是位於人馬座（或稱射手座，Sagittarius）和天蠍座（Scorpio）之間，我們從這裡看過去就是銀河的中心及中心旁的兩個旋臂（Carina-Sagittarius 及 Scutum-Centaurus），在冬天從獵人座看過去就是銀河的 Orion 旋臂及銀河外面，因為向 Orion 旋臂看的星數比向銀河內部的星數少很多，而且很少星塵，旋臂的星球又都比較靠近地球，因此在冬天的星星看起來比較稀疏而且也都特別明亮。但如果在冬天清晨太陽剛要升起前看銀河，就會往銀河的中心看。因為在不同季節看到不一樣的銀河景像，因此非洲一些民族就用銀河作為季節的指標，他們稱銀河為「上帝的時鐘」。

許多民族都有關於銀河的傳說及故事，因為銀河被地面遮住，我們只能看到一條像掛在天上銀白色的帶子而無法看到銀河全部，夏天看的銀河星系因為星球及星雲很多，古代埃及、印加、澳洲土著和中國人都認為是天上的河流（相對於尼羅河或漢河），這條天河在夏天雨季的時候是向銀河中心看所以看起來比較寬，但到了冬季就比較乾枯了（因為往星系外看）。因為銀河看起來白亮，因此古代埃及也說銀河是他們生殖女神牛神哈索爾（Hathor）奶水流出來的，這就是 Milky Way 這個稱呼的由來，希臘神話則說是天神宙斯（Zeus）把剛出生的赫克拉斯（Heracles）送女神赫拉（Hera）去餵奶，赫拉因為被驚醒把赫克拉斯推開，使奶水流出來就變成「奶水的道路」（Milky Way），

馬雅人則認為是靈魂進入地下世界的道路，希臘哲學家德謨克利特（Demoncritus, 460-370BC，原子論的創作者）則認為是許多暗星集合而成的，已經符合現代的觀點了。

夏三角及牛郎織女

　　銀河兩旁有一些明亮的星星，人們很容易用銀河作指標，來標定特定亮星的位置，1974 年在洛陽孟津縣向陽村的一個北魏墓頂就發現一個畫有銀河及其旁邊的星宿，共有三百多顆星，這是世界上最早的銀河星圖，繪於公元 526 年（北魏孝昌二年）。夏天晚上天空就會看到在銀河附近的天津四、河鼓二及織女星三顆亮星，形成一個三角形（summer triangle）。天津四（Deneb，在天鵝座 Cygnus）是銀河中最亮的恆星，距地球 2600 光年，亮度是太陽的 16 萬倍，這顆星是 16000 年前的北極星，公元 10000 年時又會再變成北極星，河鼓二（Altair，牛郎星，日本稱為彥星，在天鷹座（Aquila），《史記・天官書》稱之為上將）距地球 16.7 光年，亮度是太陽的 11 倍，相對於太陽以每秒 31 公里的相對速度向太陽快速運行，這顆星在春秋戰國時是冬至的星象，「河」為「何」之誤，「何鼓」就是荷、擔戰鼓的意思，織女星（Vega，在天琴座 Lyra）離地球 25 光年，亮度比太陽高 54 倍，現在以每秒 14 公里的速度向地球方向靠近。Vega 在阿拉伯文的原意是一隻降落的老鷹，因為在古埃及是在他們的禿鷹座，這顆星是 14000 年前的北極星，巴比倫稱之為 Dilgan，是天空的主宰，顯然埃及和兩河流域很早就用這顆星作為導航指標。

　　天琴座在古代希臘也稱為烏龜座（Testudo），這是因為在他們的神話，智者 Hermes（愛馬仕）用龜甲作為共鳴箱，作成一種有龜甲形共鳴箱的七弦琴（稱為 chelys，天琴座英文 Lyra 是沒有共鳴箱的七弦

琴 lyre），這個樂器後來傳給了古代希臘著名的詩人和音樂家奧菲斯（Orpheus），他在西方藝術史上占有很重要的地位，很多著名的音樂作品都用他的名字。

牛郎星和織女星被銀河隔開，因此有了牛郎織女的故事，被月亮照亮的銀河星星就變成了從天津四渡口架的鵲橋。牛郎星和織女星的典故最早出於《詩經・小雅・大東》，不過指的是二十八宿的牛宿（漢以前牛郎星不在牛宿內）及女宿，只是用星宿來象徵當時男耕女織的社會現象，到了漢朝時為了編撰愛情故事把河鼓加入牛宿（牽牛星），並加上鵲橋來美化這個愛情故事（《風俗通義》：「織女七夕當渡河，使鵲為橋。」）中國牛郎織女相會的節日是農曆七月七日，剛好是要進入秋天時候，天氣開始轉涼，這時候銀河是轉向天鵝座，看到的是太陽系所在的銀河星系旋臂，因此銀河已經開始變窄了（冬至時最窄，這是因為我們向銀河中心反方向看，看到的是銀河的旋臂），牛郎星和織女星看起來漸漸靠近了，大概就是渡河相會的時候，過了這個時候織女星會往西方下落，牛郎星則升至天頂，兩者又分開了。因為古代七月初織女星會在東方天空出現，因此七月七日就被選為這個故事的節日。這個節日也在唐朝傳到日本，不過日本稱之為「棚機」（Tanabata，織布機），這個名稱原來是神道的一種祝福秋收的儀式，因為時間相近，就改用他們自己的節日來稱呼，現在也不用牛郎及織女，而直接用西方的星名來稱呼。

中國古代把天上星象和地上事物作對應，因此銀河就對應漢水，東晉王嘉的《拾遺記》裡有描述一個類似牛郎織女的愛情神話，故事說皇娥（就是常娥）和太白金星在漢水（古代銀河的稱呼）相遇，一起乘槎（竹筏）在銀河遊玩，生下少昊（古代五帝之一，東夷族的首領），少昊在古代代表秋天之神（白帝，白代表西方），也就是影射七月七日是秋季的開始，東晉詩人蘇彥的〈七月七日詠織女〉的詩裡就說：「火流涼風至，少昊協素藏，織女思北沚，牽牛歎南陽。」晉朝時另外還有一

個蜀人乘槎（竹筏）從大海上到銀河去銀河觀光遊覽，並訪問牛郎的故事（晉張華《博物志·雜說下》），這是依據東晉太元十一年（公元 386 年）三月在南斗（在人馬座銀河中）產生的超新星（客星，就是用那個觀光客來形容）爆炸編出來的故事（張華就看到這個爆炸後的星雲），美國天文學家在 1994 年已經找到這個爆炸的殘餘（脈衝中子星，距地球 147000 光年）。明朝鄭和下西洋，隨行的費信把航行中的見聞寫成一本稱為《星槎勝覽》的書，書名就是取自這個張華的故事。

氣冲牛斗

中國成語有「氣冲牛斗」，這是因為漢以後的牛宿也包括在銀河的河鼓三星（河鼓二是牛郎，比較暗的河鼓一及三則是牛郎和織女生的兩個小孩，牛郎和織女分居後就是由爸爸照顧小孩），而靠近牛宿的南斗六星（人馬座）也在銀河邊，因此斗、牛之間就是靠近銀河中心的方向，是銀河最亮的地方，這裡有大量的氣體和星雲，從地球上看去是一片雲氣，這就是成語的由來，形容氣之多。

不包含河鼓的牛宿六星是在西方的魔羯座（Capri-corn，羊角的意思，一說是人馬的父親），魔羯座是最早的星座之一，蘇美人稱之為半羊半魚的怪物，這大概是漁牧社會的表徵，巴比倫人則認為是半人半魚的神 Ea（非洲和地中海沿岸有許多這樣的神，最著名的是聖經裡的 Dagon，美人魚也是來自這個神話），希臘則說是半人半羊的 Pan（放牧的意思），Pan 也是排簫（笙）的發明者。魔羯座是四到五千年前北半球的冬至點，《漢書·天文志》裡就說：「黃道一曰光道，光道北至東井，去北極近，南至牽牛（牛宿），去北極遠。」四到五千年前夏至時太陽位在東井，冬至位於牽牛，虞喜就是看到冬至點已經不在牽牛而發現歲差的現象。

南北回歸線

　　冬至過後太陽直射的地方從南回歸線慢慢往北回歸線（夏至點，太陽在天空的最高點）移動，因為魔羯座在冬至點，因此在古代南回歸線就稱為 Tropic of Capricorn，而北回歸線就稱為 Tropic of Cancer，Cancer（巨蟹座）星座在雙子星座及獅子座中間，相當於中國東井，巨蟹座星座是 12 行宮中最暗的星座，在巨蟹座中有一個星系（M44）的亮星群（Beehive Cluster，距地球 577 光年，有上千個亮星），當有暴風雨要來時會先出現高空的卷雲，卷雲會遮住這個星系的光，在中世紀時天文學家就這個天象來預測氣候，M44 和畢宿可能有相同的起源。巨蟹座在古埃及原來不是一隻螃蟹，而是會推糞球的甲蟲，因為埃及人認為太陽每天經過天空，就是靠甲蟲推糞球的方式，後來的人不懂原意，把甲蟲換成螃蟹。

銀河的渡口：人關及神關

　　天津四是天鵝座（Cygnus）最亮的主星，位於銀河的一個渡口。天鵝座形狀像一隻展翅在飛的鳥（見下頁圖），剛好就位於牛郎星和織女星的中間，可能就是鵲橋故事的起源。天鵝座也像一個「十」字，在西方稱之為「北十字架」。在印第安人及馬雅人神話裡天鵝星座也是靈魂進出之處，這大概是許多東北亞民族鳥生故事的由來，商人自認是鳥的後代，認為「天命玄鳥，降而生商」，朝鮮和日本也都有類似的神話，有趣的是他們都是崇拜太陽的民族，西方帶嬰鳥（Baby bringing stork）的故事也可能從這樣變化過來的。在希臘有好幾個和天鵝座有關的神話，其中最有名的就是宙斯把自己變成天鵝去誘姦斯巴達皇后莉達（Leda）的故事。

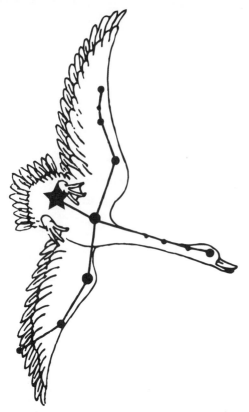

天鵝座裡大約有100個行星系統及一些星系及星雲，在天鵝座十字的交點附近有一個巨大製造星球的地方，稱為Cygnus-X。NASA的太空船開普勒在2013年發現天鵝星座有一個類似金星的行星（命名為Kepler-69c，環繞一個主星Kepler-69），一般稱為超金星（Super-venus），從這個發現《拾遺記》的太白金星和鳥圖騰族女（Cygnus）的愛情故事就變成很有趣了。

銀河和黃道有兩個交點，一個位於金牛座和雙子星座的中間，另一個位於射手座（人馬座）和天蠍座的中間，因為這兩個地方都是日、月及行星進出的地方，古人認為就是銀河的渡口及關口，一個是靈魂進入天堂（稱為人關，在雙子星座旁及金牛座的南角）的關口，另外一個則是靈魂投胎（稱為神關，在人馬座旁）的關口，神關位在銀河分叉（Great Rift，星系中心的方向）的附近，造成分叉黑暗的地方是因為星光被太陽系所在的旋臂星雲遮住了，這些星雲裡的星塵是製造新星的材料，正是「生殖」的象徵。天主教的一個符號是一個交叉的金鑰匙和一個銀鑰匙，金鑰匙就是用來打開神關，讓靈魂投胎，而銀鑰匙則是用來打開人關，讓靈魂進入天國。美洲印第安人也認為銀河是靈魂經過旳路徑，到了銀河分叉點時，壞人的靈魂就往下到一個星雲，永劫不復。

從地球上看，太陽每年都要經過這兩個關口，埃及人就認為太陽過銀河時需要渡船。當太陽剛好在春秋分或冬夏至時經過關口時，對埃及或馬雅人是一個很重要的時刻，六千多年前太陽就是在春秋分時經過這兩個關口，因為歲差的緣故，公元 2000 年左右太陽就會在冬夏至時經過關口，也就是馬雅人預期在 2012 年結束的週期。古埃及人把銀河看作是天母（nuit 或 nut），銀河分叉的地方是天母的生殖道（神關），他們認為太陽在冬至時位於銀河分叉出口的地方，代表太陽的再生，馬雅人也有同樣的看法，因為歲差的關係太陽每隔一段時間在冬夏至、春秋分時就會經過這個分叉點，而且剛好地軸也指向銀河分叉的地方（銀河的中心）。

馬雅人就算出這個週期是 5125 年，這個數字剛好差不多是大年的五分之一（5125×5=25625，現值是 25770），馬雅的一個週期在 2012 年結束，就是冬至太陽從地面升起而且正好在銀河中心的時間，也就是從天上女神的生殖道（銀河中心）重新生出一個太陽，因為是在冬天觀察，因此就必須在清晨時往銀河中心看，這時金星會先出來，引領女神及太陽升天，這個特殊的天文景像在 2012 年的冬至在墨西哥伊薩帕（Izapa）古代的球場就可以看到，馬雅人認為這是一個新時代的開始，依照他們古代的曆法的預測，這個時間點剛好是現代曆法的 2012 年，不過依現代天文觀測這個天象是一段時間而不是一點，大概是 1998 正負 18 年，所以馬雅預測時間的誤差大概是 0.5%，事實上馬雅天文學家並不知道歲差的速度是隨時間在增加，如果把這個因素算進去，那麼他們的預測準確度是非常令人驚奇的。

在巴比倫的傳說中，人關渡口是由雙子星座（Gemini constellation，相當於中國的井宿，在銀河北岸）的兩個亮星（一對雙胞胎）守衛，到了古代希臘就用他們航海探險的英雄（Argonaut）卡斯特及帕勒克（Castor and Pollux，通稱為 Dioscuri，相當於中國井宿的北河三及北河二）來命名這兩個亮星。卡斯特及帕勒克在希臘神話裡是

宙斯天神的私生子，宙斯因為愛慕美麗的斯巴達的皇后莉達（Leda），把自己變成天鵝（天鵝座），在誘姦了莉達後，莉達生下兩個蛋，其中一個生出海倫（Helen，就是特洛伊戰爭的女主角，古代斯巴達神廟就懸掛著海倫出生的蛋殼），另一個蛋則生出雙胞胎卡斯特及帕勒克，就是雙子星座的兩個亮星，這個神話成為西方許多藝術作品的主題。因為當這兩顆星出現時代表好天氣，因此他們是古代地中海水手的守護神。因為羅馬是由一對雙胞胎兄弟羅慕路斯（Romulus）及雷穆斯（Remus）建立的，因此羅馬人用雙子星座的兩個亮星來代表建國的兄弟。

如果用馬雅人 5125 年的週期（歲差週期的五分之一）回算，這個週期的起始點大約在公元前 3100 年，印度的 Kali Yuga 週期的起始點（公元前 3102 年）也是在這個時刻，現在許多科學證據都指出這個時候地球的氣候產生相當大的變化，溫度及雨量突然下降（撒哈拉沙漠開始形成），在這段約四百多年的時間，考古發現的人類遺物少了很多，顯示人口減少或人類的活動降低，這些氣候的變化造成人口向河流三角洲集中，產生社會組織及經濟結構的改變，為了適應生存也發明了新科技（文字、犁田、車輪、青銅器等等），大概就是因為這個巨大的變化，所以馬雅及印度都把這個時間點作為一個新世紀的開始。

→達文西的 Leda and her two sons

仙女和英仙

在銀河星系旁還有一個像銀河一樣漩渦形的 M31 星系，距離地球 250 萬光年，因為是最靠近我們的星系，因此古代人用肉眼就可以看見，就是在西方的仙女座（Andromeda Constellation）中，波斯天文學家阿布德．熱哈曼．阿爾蘇飛（Abd al-Rahman al-Sufi）在公元 964 年首先發現這個星系，M31 星系大概含有一兆星球，它是由幾個小星系在 100 億年前碰撞產生的，M31 現在以每秒 110 公里的速度向銀河方向運行，因此大概 38 億年後就會和銀河碰撞，形成一個新的大星系，那時候地球及太陽系會發生什麼情況就不知道了。

仙女座來自是希臘一個神話中的一個女主角：衣索比亞的安朵美達（Andromeda）公主（因此她是黑美人），她的母親凱西俄珀亞（Cassiopeia）皇后因為說安朵美達比海中的仙女還要美麗，觸怒了海神，海神開始興風作浪，並要求將安朵美達綁在海邊岩石上，作為海怪 Cetus 的犧牲品，但被希臘英雄帕爾西斯（Perseus）所救，這個神話也是西方藝術品常用的題材。這個神話中的幾個角色（Cetus、Cassiopeis、Cepheus、Andromeda、Perseus）都是西方的星座名稱，這個部分的天空因為是往銀河星系外面看，因此很少亮星，在西方稱為海。帕爾西斯是希臘邁錫尼（Mycene）文明的建造者，也是特洛伊戰爭時的領袖，希臘著名的英雄赫拉克勒斯（Hercules）就是他和安朵美達的孫子。

Perseus 星座（英仙座）就在仙女座的旁邊，英仙座中的一個亮星 algol（中國的大陵五，大陵星官位於胃宿，在昴宿的西北方），距地球 93 光年，在 730 萬年前曾經移到距地球 9.8 光年，在那時從地球上看是最亮的星。algol 在西方稱之為惡魔之星，這是因為 algol 的星光每隔 2 天 20 小時 49 分（2.867315 天）就會變化一次，稱為食雙星，這是因為其中一個的亮星會被繞著它的伴星遮住，像是一個變化莫測的妖

魔，古代埃及就用這個現象來作為占卜之用，在他們 3200 年前記錄的《開羅曆》裡就記載這顆亮星的變化，根據赫爾辛基大學的研究，埃及人算出的變化週期為平均 2 天 20 小時 24 分，這個值比現值低一些，可能是因為主星和伴星之間在 3 千年一直有質量交換的緣故，古代埃及天文學家能夠用肉眼看到這個非常微細的天象，實在讓人不得不佩服他們對天象觀測的仔細，及豐富的想像力。現在在萬聖節時朝東北方向的天空看，就可以看到這個惡魔之星。

M31 在中國則是在奎宿（在西方白虎與北方玄武的介面，西方的仙女座）的第七星的上方，在黃、赤道的北邊，古代中國這個葫蘆狀的星宿是兵庫，用來作軍事占卜，這個靠近赤極的天象地區被認為和皇宮（赤極）的軍事守衛有關，例如奎宿東北有天大將軍 12 星。「奎」字來自中國古代西北西羌游牧民族邽戎（古代奎、圭、邽相通，羌族著名的人物是炎帝和大禹），秦滅邽後在此設立軍事和行政中心（中國第一個縣：上邽縣，在今甘肅天水市）作為首都西北的防衛所，所謂地法天象，就是奎宿這個天象名字的由來。羌族很早就用立竿測影（他們稱之為「莫曦普」）來定曆法，因此他們自古就用一年 10 個月的太陽曆，這可能就是「邽」字的由來。

第四篇

天文儀器的發明

Chapter 1 /

量測日影的儀器

　　人類觀察自然現象在遠古是依靠人自己的感官，但人感官的靈敏度有一定的限度，要有更精確及量化的觀測結果就必須要靠儀器的發明，因此儀器的發明一直是科學進步的一個主要的原動力，新儀器的製造或改進需要配合針對理論及實際問題的需求，加上工匠的巧思，一方面用來驗證理論的預測，一方面又可以促進新的科學思維，對於科學發展的影響非常重大，這就是為什麼歷年來有很多諾貝爾獎都是頒發給發明儀器的科學家，我們在其他章節也都會提到特定儀器和該領域發展的關係。

　　地平面天文觀測雖然可以讓人們得到很多天文的信息，但這個方法有一些缺點，第一、用肉眼訂定方位角度並不很準確，第二、像巨石陣用巨石來標記方位的方法費時費力，第三、天象的變化相當複雜，用這種觀測方式不容易分析這些微妙的變化，第四、無法觀測太陽及其他星球運行的軌跡。後來人們發現樹影或從窗戶照進來的陽光投影方向，會隨著在一天的不同時辰，或一年不同的時候而產生變化，因此就用樹影的長短或陽光的投影方向來定時辰或季節，為了更準確的量測日影，古人就用一個木桿（表）將日光投影在地上來量測日影的長短及方向，放

184 | 第四篇　天文儀器的發明
Chapter 1 → 量測日影的儀器

在地上測日影長度的尺稱為「圭」，古代在非洲的土著就是用表圭測日影來定時及定方位，二十世紀初婆羅洲的土人仍然使用這個方法（稱為 tukar do 或 aso do）來訂農作的時間，顯然立竿定影的方法是人類最早的科學發明之一。

「表」最初是用人體來作投影（所以古代中國表的長度訂為八尺），後來改用一根竹或木竿垂直插在地上可以得到陽光照射的影子，在甲骨文「表」字就是用手拿著桿子去作定位（ ）影子的方向和長短可以來量測太陽的方位角度，古希臘人稱之為 gnomon，這個字的原意是表示或知道的意思，和中國稱為「表」意思相近，diagnosis（診斷）、prognosis（預測）等字都是從這個字演化而來的，英文的 know 也和它同源。「圭」字並不是兩個相疊的「土」字，而是用來測量日影長度尺的像形字，圭字的四個橫線就是刻度，最底部是表的位置，往上三條分別代表夏至、春秋分及冬至中午時日影的位置。中國在 1950 年代在山西陶寺鄉發現一個四千多年前的遺址，在遺址裡找到一根約 2 公尺長的圓木桿（表）及一根塗有三個顏色標記的木桿，經測試後就是用來測量日影的圭尺，三個顏色就是標記冬夏至及春秋分三個日影的位置（春秋分的日影長度相同），這大概是世界上最早的表圭儀器。另外，陶寺表的水平投影也是用來將朝夕日光投影在牆上，可以測量太陽在一年中的方位及移動速度（日行跡，見下面），這個信息對曆法相當重要，這是因為地球公轉的軌跡是橢圓形，因此在不同季節看到的太陽移動速度並不相同，這說明中國天文學家可能很早就知道這個現象。

中國大陸 1977 在阜陽漢汝陰侯（墓主人夏侯嬰是漢高祖的馬車駕駛）墓中發現了一件漆器則是偵測日影的可折疊式表圭，其兩個立耳就是用來投射日影的表，而底座上的三個特殊點則對應冬至、夏至和春秋分正午日影達到的位置，比較特別的是特定日影的位置是用特殊圖案來標示。

這個方法讓古人很容易研究太陽運行的軌迹，不但可以避免直接觀

察太陽，而且可以把太陽在空中的方位很簡單的用尺量的方法量化的定出來，比只用肉眼觀測方位角度的地平面觀測方法進步很多。觀察的量化是科學發展的重要里程碑，而量化所產生的數學計算及分析方法更是科學理論基礎的原動力，而儀器的發明及改良更是科學進步的重要因素，表圭就和三角學的發明息息相關。

易經裡的卦字其實就是這個天文儀器的象形字，右邊的卜字就是一根垂直插在地上的木竿或竹竿有一個斜的陽光投影，左邊的圭就是放在地上量測光影有刻度的尺，因此卦就是用來計算日影方位及影長作為預測季節及時辰的工具及方法。如果把一個測影的柱子（表）垂直插在平面上，然後以這個柱子作圓心畫一個圓，在太陽剛從地平面升起時的投影在圓圈上的點為 A，日落時的投影在圓圈上的點為 B，那麼 AB 這條線指的就是東西方向，而 AB 的中點和圓心的連線就是南北（子午線）的方向，若在春秋分測量，日影的方向就是正南的方向，這是《周髀算經》的作法，「周」就是圓，「髀」（遠古時期用人骨來作投影）就是表，就是用圓及表來計算太陽的方位。《淮南子・天文訓》則以游表取代圓，這就是太極（表）生兩儀（東西，春分及秋分），兩儀生四象（東西南北，春分、秋分、冬至及夏至）的意思，這是所有古文明都使用的方法，不但可以訂出方位，而且可以指示時間。

→婆羅洲土人使用表圭（*The Pagan Tribes of Borneo*, C. Hose and W. McDougal, 1912）

使用這個方法必須確定柱子是垂直於地面，而量測日影的平面也必須水平。古代埃及和中國都是使用懸掛的重物來作校正，因為懸掛的重物受地心引力的影響會垂直地面，《史記 · 夏本記》裡就說大禹治水「左準繩，右規距」，準繩就是用來訂垂直及水平用的，「准」（古準字）字的左半部就是水，右半是鳥，意思是用像鳥一樣的銳利眼睛來觀測水平，來增加測量的準確度。《周禮考工記》裡就說「匠人建國，水地以縣（懸的古字），置槷以縣，視以景（影的古字）」。意思是說用水填滿土坑作為水平的依據，懸掛重物來校正水平（請見下面古埃及水平儀的原理）及柱（槷）的垂直，四千多年前的山西陶寺遺址就發現一個有兩個圓洞的玉戚，大概就是用來校正垂直用的，《考工記》裡而且還要用八條掛重物的繩來校正八個方向才算（《考工記 · 匠人建國》疏曰：「欲柱正，當以繩縣而垂之於柱之四角四中，以八繩縣之，其繩皆附柱，則其柱正矣。」）可見古人作事絕不馬馬虎虎。古埃及有 L 形表圭的象形文字，從這個象形字就可以看到協助定位的準繩及重錘，可見古代人很早就知道重力的觀念。

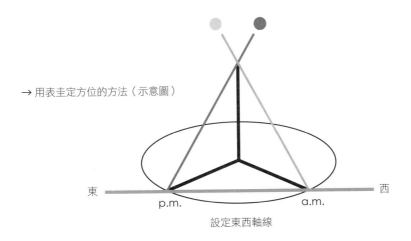

→ 用表圭定方位的方法（示意圖）

東　　　　　　　　　　　　　　　　　　　　西

p.m.　　　　　　　　　a.m.

設定東西軸線

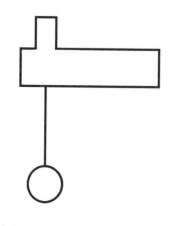

↑古埃及表圭的文字，在表下的就是校正用的繩（示意圖）

《周禮‧考工記》又說「為規，識日出之景（古影字）與日入之景。畫參諸日中之景，夜考之極星，以正朝夕」，鄭玄注：「日出日入之景，其端則東西正也」，意思就是說用圓規畫圓，來定日出及日落時日影和圓的交點，訂出方位後，在白天用日正當中的日影方向（冬天在北，夏天在南）及在晚上用北極星的方位來作確認。中國很多數千年前的古墓都有精確的東西或南北方位，可能就是用這種方法。《周禮‧考工記‧輿人》：「圜者中規，方者中矩，立者中縣，衡者中水。」把表圭測日影的各種工具的功能都作很清楚的說明，《周禮‧考工記‧瓬人》：「器中膞，豆中縣（懸）。」賈公彥疏：「豆中縣者，豆柄中央把之者長一尺，宜上下直與縣繩相應，其豆則直。」就是在說明定水平和垂直地面的方法。「景」這個字我認為就是這個表圭的象形字，最上面是太陽，下面左右兩撇就是日出及日落之日影，中間直線就是表圭及日中之影，中間的口字就是用來訂垂直方向的重錐。

但用上述的方法來定方位必須考慮太陽投影誤差的問題，剛升起或剛要落下太陽可能會因為地形關係而不在同一高度，這樣就會造成相當大的誤差，因此測量日影最好是等太陽高起的時候，北美印地安人就設計一個圓形的牆壁作為人工水平線來測日影或星象。但另外一個問題是赤道和黃道並不是平行的，兩者之間有一個 23.5 的角度，因此午前及午後的投影也會產生誤差，要避免這個誤差就要在冬夏至時測影，並且在夜晚用北極星方位來作校正。如果把冬至及夏至的日出及日落位置

聯起來就得到「Ⅹ」這個符號，也就是「五」字的原形，這個符號在良渚文化時已經出現了，在安陽考古遺址發現的商代甲骨文裡就有這個「五」字，「Ⅹ」也是巫的本字，在西方就是「Maltese Cross」或「Magi」。在古代「五」是在天上九宮中間上帝的位置，是祭祀天地的數字，祭物的數目都是用五或其倍數，五也是生生不息的符號，因為一個五角形的端點聯起來就成為一個五角星形，五角星形的中心又是一個五角形，如此相互形成，永無止境。兩個「Ⅹ」相疊就是「爻」，兩個「Ⅹ」垂直放在一起就變成了八角星形，這個符號在第一篇已有說明。

從《周禮‧考工記》裡的敘述，顯然中國很早就已經發展出很好的測量工具及方法了，但和埃及、巴比倫一樣都沒有用這些工具發展出幾何學或科學，這是因為這些工具及知識都是作為政府建造大型建物及觀測天象用的，相對的，希臘在自由思想的鼓勵下，這些工具加上他們發展出來的邏輯學就變成一個發展科學極為有用的利器——幾何學，從這裡我們可以看到科學與科技的差別，沒有好的自由思想及邏輯發展的科學基礎及動力，科技就會變成政治及經濟的奴僕，像許多古文明一樣只有漸進式的技術改進而沒有辦法在基本思想上有所突破，現在政府大力鼓吹科技發展，就應該記取這個教訓，尤其在人才培育方面缺乏自由思考及邏輯的訓練，制式的知識傳授固然重要，但也會造成沒有思想創新，永遠跟在別人後面走的困境，政府應該慎重考慮這個問題。

古埃及有一個利用地心引力設計的水平儀，這是一個等邊三角形的木架，在下面的木尺中心作一個缺口，在三角形頂端懸吊一個尖形的重物（錐），那麼當重物的尖端剛好落在木尺的缺口時，木尺就是水平了，漢代石刻伏羲像所持的矩大概就是這種儀器，女媧則是持規，所以《周髀算經》裡就說：「方出於矩」，就是用矩這個儀器來校正量測日影地板（方，是兩個直角矩合起來的四方形）的水平，這對於製造很高的日

影測量儀（如方尖塔、金字塔）非常重要，因為如果量測有一點誤差，在很高建築物就會累積產生很大的誤差，這就是所謂失之毫釐，差之千里。「矩」這個儀器在古代有很多測量的用途，《周髀算經》裡就記載：「平矩以正繩，偃矩以望高，覆矩以測深，臥矩以知遠，環矩以為圓。」因此「矩」也是一個可以方便攜帶的表圭儀器。這個測量儀器也可以發展出新的學問（《周髀算經》：「智出於勾〔表影〕，勾出於矩，夫矩之於數，其裁制萬物唯所為耳」），現象觀測的量化是科學發展非常重要的一大步，因為量化才能產生不同測量對象的數學關係，從數學關係的推理產生假設，進一步設計實驗來驗證假設，最後才產生「裁制萬物唯所為耳」的定理。

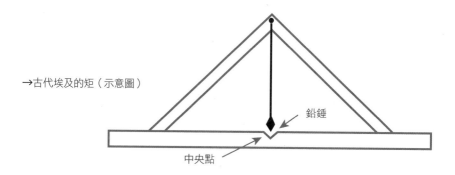

→古代埃及的矩（示意圖）

鉛錘

中央點

　　從這個水平儀的構造你可以看到重錘指向缺口的地方是錐形的而不是圓球，這是為了增加量測的精確度，所以「矩」這個就是由「矢」（箭頭，指的就是這個重錘的形狀，尖端指的點可以得到更精確的量測）和「巨」（用手拿曲尺形狀工具）合併起來的，在漢代古墓浮雕上就可以看到伏羲手裡就拿著這個水平儀（重錘大概因為垂直所以看不見），「規」字篆文寫成 𢎵，就是畫圓工具的象形字，「規」則是用眼睛察看的意思，規是古代人類非常重要的發明，在天文及建築上有很多應用，中國六千多年前良渚文化的圓形玉璧及玉器上的圓形圖案就顯示中國很

早就有圓規的工具了。最早的規可能就是把矩或方立在地面上，以垂直角的地方作圓心轉動就可以畫出一個圓（環矩以為圓），所以《周髀算經》裡就說：「圓出於方，方出於矩。」古代母系社會，女性掌天，所以女媧拿規定天象，男性掌地，所以伏羲拿矩定地的水平，並作各種測量，所以「規矩」（天地）是古代祭師（或兼領袖）的主要工具，也是幾何學的基本工具，大禹治水就是「左持規，右持矩」，中文「辰」在甲骨文寫成 𠨧，就是「規」和「矩」的合體字，代表「規律」。

有趣的是共濟會（Freemason，一種西方的祕密結社）的標誌也是「規矩」，規和矩在共濟會代表天和地，也代表行為的規範，和中文「規矩」的意義相同，中國古代衣服的製作，也是要依據「規」和「矩」去製作，以代表人有「規矩」。規上的眼睛是從埃及太陽神之眼（Eye of Ra，埃及文字是圓中有一個黑點，和中國的「日」字相同）演變過來的，太陽神眼睛看的方向就是從規畫出的圓訂定出來的，符號中的 G 代表「God／Goddess」，不過「矩」就少掉那個定水平的「矢」了。在一元美鈔上的國徽也有這顆眼睛，這是因為美國開國元勳例如華盛頓、富蘭克林都是共濟會的會員，共濟會的會員也有很多著名的科學家如牛頓、愛因斯坦等等。共濟會也有和中國一樣的 3×3 魔方（洛書），而中國的天地會也採用共濟會的「規矩」符號，孫中山在檀香山加入洪門的致公堂就有這個共濟會的「規矩」符號。

因為太陽光並不是由單點發出，因此表的影子會有些模糊，影長測出來會有些誤差。中國古代「表」的長度是八尺（這個高度與人同高，主要是為了確定表的垂直及準確度），到了元朝至元十六年（公元 1279 年）郭守敬在今河南登封縣建了周公測景（古影字）臺，把表圭大大加高（四丈，十公尺），明末的天文學家邢雲路則用 6 丈高的表來增加精確度，十五世紀時中亞的國王及天文學家烏魯伯格（Ulugh Beg，帖木兒之孫）更用 50 公尺高的表來量測恆星年的日數。古代埃

及用一個稱為「bay」的 V 形木板放在日影上來讓日影的尖端更加清楚，元朝郭守敬在表端用一橫樑，並且讓橫樑及太陽影像穿過有一個小洞稱為「景符」的儀器，來得到針孔成像，橫樑影像可以更準確的標定太陽影像，而得到更精準的測量，他量測的日影長度準確度到小數點第四位。在上面提到的四千多年前的陶寺遺址裡就有一個鑽洞的玉戚，可能就是用來作為景符用的。

古代埃及可能也是用類似的方法，古代埃及的方尖塔（Obelisk）大概就是一種「表」，方尖塔上面的尖點就是用來減少日影的誤差，他們把棕櫚葉幹的頭切開，讓陽光穿過來得到更清晰準確的投影頂點。從這些例子，你可以看到古人如何用心來改善儀器，以增加準確度，可信而精準的科學數據是科學研究的最重要基礎，這種改進量測精準度的作為正是科學進步的基石。測出的水星軌道和牛頓定律預測的些微差距就足以用來驗證一個新的物理理論──相對論，這是科學的精神。

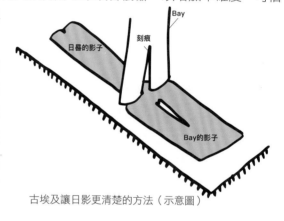

古埃及讓日影更清楚的方法（示意圖）

中國字的「中」字，其實就是表立於圓中央的象形字，在商代「立中」就是立表測影，《禮記‧禮器》：「因名山升中於天。」意思就是皇帝登高山，立圭表（中）來觀測天象，而「十」字則是表在四儀中心的形象，後來演變成「甲」字，在許多古文明都有「十」字符號就是這樣來的，是為了強調四個方位。

古代表主除了用來定季節及計時也用來觀測季節風的風向及風力，殷墟卜辭裡就有「丙子，立中，亡風」之句，作法是在表圭上裝上一個

測風向的旌旗或會旋轉的鳥形風向器，稱之為「相風」（wind wane，中國古代風就是鳳，因此以鳳鳥來代表風），既可以測日影也同時可以定風向，《拾遺記》裡就有一段關於相風的記載：「帝子與皇娥泛於海上，以桂枝為表，結薰茅為旌，刻玉為鳩，置於表端。」因為鳥形風向器就立於測日影的表圭之上（見右圖），古代東漢觀測天象的靈臺上就有一個相風銅鳥，相傳是張衡所製。距今四千多年的良渚文化就有類似形狀的玉器，所以在中國古代文獻裡鳥就和太陽扯在一起。

鳥在柱上的圖像在 17000 年前法國拉斯科（Lascaux）岩洞裡的壁畫可以看到，在遠古時代鳥是帶領靈魂升天，也是上天的使者，而柱子是通天的天柱，因此這個圖騰大概就是巫師的法器，四千多年前良渚文化的玉器裡就可以看到這個圖騰，在中東的 Yezidis 民族（庫德族的一支）也有這個圖騰，在加拿大北部的印地安人也是到處可見，在韓國這個稱為 sotdae 的標誌是放在村莊入口來阻止不好的東西進入村莊，這些大概都是源自古代原始的宗教。

希臘雅典的八角形風塔（Tower of Winds，建於公元前 50 年左右）就有在八卦（四正及四維）位置的日晷，在日晷就有刻畫的八個方位的標記及八個風神（Anemoi）的浮雕，上面則有會隨風向旋轉拿著指棒的半人半魚的海神崔萊頓（Triton，季節風對古希臘人航海貿易很重要，見圖），塔內還有水鐘及一個記錄行星和月亮運行的機器。中國風神原來是四個，到了周朝才變成八個，中國古代也有對應的風神。

古希臘八角風塔

表圭在遠古代時代也被用來在晚上觀測星象的相對方位，尤其是用表來觀測北斗來定季節，但用表頂來望觀測北斗或其他星象誤差很大，為了增加測量的精確度，先在地上畫一個大圓，周長為 365.25 尺，等分為 365.25 度，在圓的中心立一

表，在圓周上再立一個可以活動的表（游儀）來作某個星的定位（兩點定一直線），圓中心表之上會設有配合測望、引繩的孔形器，這個觀測方法是在表上孔形器繫一條繩子，然後順著某個星的觀測方向將繩子延伸到地上，表、繩子及表到繩子在地上那一點的長度就形成一個直角三角形，這樣便可以算出被觀測顆星和一顆標準星（如牽牛星）的相對角度，繩子在地上那一點在以表為中心圓（上有刻度）的交點就可算出它的相對方位。這個在《周髀算經》裡的方法大概就是最原始的渾天儀。

Chapter 2

用表圭測量地球的半徑及周長

　　不要小看表圭這個簡單的儀器，它不但讓古人可以用它來定出方向，時間及曆法，地球的形狀，軸心的傾斜角及軸心的旋轉及變化，甚至用來算出地球的半徑。從表圭中午日影隨著南北方向的改變，古代埃及人已經了解地不是平的，而且越往南走北極星的位置越低，從這些現象及月食上的圓形黑影，讓他們猜測地球是圓形的。但古人怎樣用表圭的測量知道地球軸心是傾斜的？古人從日影長短變化的觀察發現同一地點同一時刻的日影的長短會隨季節產生變化，如果把太陽經過天空的軌跡畫成一個半圓，那麼這個半圓位置在北半球會在南方（在北半球可以用北極星來定出北方的位置，南半球就沒有這種定位的星座），這個半圓的高度會隨著季節改變，在冬天時這個半圓最靠近地平面，而夏天時則幾乎在天空正上方，如果想像太陽繞著地球運行（古代的地球為中心的學說，晚上看不到太陽，只能想像太陽繞到後面），那麼這個運行的圓形軌迹（英文稱之為 ecliptic）所形成的平面和地球的北方方向並不垂直，而是形成一個斜角，這個傾斜角就可以用來解釋為什麼一年有春夏秋冬四季溫度的變化，地球溫度的變化表示地球和太陽的距離隨季節改變，但若太陽是以圓周繞行地球（古人的地球為中心的理論），那麼

地球和太陽的距離應該是不變才對的，因此最合理的解釋方法就是讓地球的軸心傾斜，北半球的夏天是北半球斜向太陽的時候，冬天是斜離太陽，春天及秋天則是地球軸心與太陽軸心是平行，如果用現代地球繞太陽的觀念來解釋就更清楚了。

在公元前二世紀的希臘天文學家埃拉托塞尼（Erastothenes of Cyrene, 276-194BC，是著名亞歷山大圖書館館長）就用這個概念來算出地球的傾斜角，他的方法很簡單，在冬至時地球相對於太陽光線的傾斜度最大，日影最長，在夏至時太陽光線的傾斜度最小，日影最短，因此如果用表圭測量冬至及夏至中午時的太陽的入射角的差，就可以得到地球軸心的傾斜角度的兩倍，他量出的角度非常準確，是 23 度 51 分 15 秒。

埃拉托塞尼也用表圭日影的角度來計算地球的周長，他知這在亞歷山大南邊有一個叫作塞恩的小城（現在埃及阿斯灣水壩的位置），在那裡有一個深井，每年在六月二十一日夏至中午的時候，井水就會產生反光，這個事實告訴他在這一時刻太陽是在這個井的正上方，如果地球是一個球形的物體，那麼在六月廿一日中午時候太陽光在北邊的亞歷山大城就會有一個偏角（見下圖），用表圭就可以很準確的量出這個偏角，這個偏角根據幾何學就等於從地心到塞恩及亞歷山大之間的角度，而兩

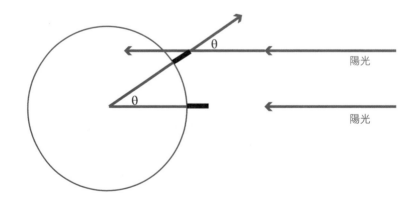

陽光

陽光

城之間的距離和地球周長的比就等於這個角度除以 360 度，從已知的兩城間的距離及從表圭量得的角度，埃拉托塞尼可以算出地球的周長大約相當現代的 39690 至 45007 公里長（這是因為我們對於古代的長度單位的正確長度不很確定），正確的數字應該是 40075 公里。我們現在知道埃拉托塞尼的計算其實還有些問題，因為塞恩並不是在北回歸線上，因此太陽並非在塞恩的正上方，而是偏了一個角度，而且兩城也不在同一個子午線上，因此兩城的距離並不能用來作為圓周的一段，來計算圓周的周長，但能夠用簡單的推理就可以算出非常接近實際的天文數字，已經是非常難能可貴了。同樣的道理，如果用星球取代太陽，在已知距離的不同地點（但需要同一子午線上）量測星球的角度，就可以算出地球的周長。

這個投影幾何的方法也可以用來測量一個很高物體的高度，古代希臘科學家戴爾就利用這個方法算出金字塔的高度，你只要在金字塔旁立一個表圭，表圭日影長度和表圭高度的比就等於金字塔影子長度和金字塔高度的比，前三者的長度很容易就可以量測出來，所以金字塔的高度馬上就可以根據比率算出來。

Chapter 3

以表圭測量緯度

　　因為地球是圓的，因此在北半球量到的太陽斜射角度是地軸傾斜角加上量測地點的緯度，所以知道地軸的傾斜角後就可以很容易的算出該地的緯度，如果在春分或秋分時（陽光和地軸垂直）量測正午時太陽的斜射角（陽光和表圭地面的交角，見下頁圖），那麼用 90 度減去這個值就是緯度。埃及人很早就知道這個方法，大金字塔的周長就是用二度緯度的長度去計算的（他們值和現代值只差 0.25%），伊巴谷也提出用這個方法去計算經緯度，但最早把這個理論實際用來測量緯度的長度應是我國唐朝著名的天文學家佛僧一行（俗名張遂，公元 673-727 年），他用這個方法於玄宗開元十二年（公元 724 年）在十三個地點（從北部的貝加爾湖到越南的中部）量測冬夏至及春秋分時日影的長度與距離的關係（這個工作主要是和制定新曆法有關），這是世界第一次實際測量子午線的長度，後來在公元 1221 年長春真人邱處機在應成吉思汗邀請往撒馬爾罕謁見成吉思汗的途中，在蒙古北部克魯倫河畔（約北緯 48 度）測量夏至的日影，補充了僧一行高緯度子午線的數據。僧一行這個測量工作比法國科學家皮卡（Jean-Felix Picard, 1620-1682）早了947 年，僧一行團隊所得到的值是緯度每度等於 131.11 公里（這個值

乘 360 就是地球的周長），比正確值 111.20 公里有些誤差，但已難能
可貴了，皮卡量測的值是 110.46 公里。

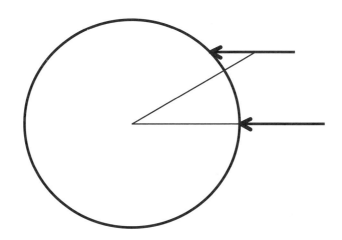

　　事實上地球並非正球形，而是南北極稍為扁平的橢圓球形，在十七
世紀時牛頓和笛卡兒就為了地球是在兩極比較扁平或者在赤道比較扁平
起了劇烈的爭執，為了解決這個爭論，法國科學院在 1736 年派莫培督
到北極去測量每一度的距離，如果如牛頓所說兩極比較扁平，那麼在靠
近北極的子午線單位長度應該會比較長，結果在北極附近得到的值是
111.946 公里，而在巴黎附近量到的值是 111.21 公里，這個測量工作
終於證明牛頓是對的，這個結果才使大家對於牛頓定律的信心大增。

Chapter 4

金字塔：精確的八卦表圭

埃及 Giza 金字塔本身就是一個精密的天文儀器，它是表立於一個四象底盤的巨大表圭結構（五行），金字塔的邊角剛好是春分時太陽的角度（在春分時中午沒有日影），因為金字塔很高，所以用金字塔的投影可以很準確的定出時辰及季節。很少人知道 Giza 大金字塔也是用八卦方位設計的，如果從高空看這個大金字塔就會發現金字塔的四個面都是在中線凹下去，因此金字塔事實上有八個面，凹面剛好形成一個反射陽光的凹面鏡（古代金字塔表面都非常光滑可以反光），在很遠的地方就可以看到，凹下去的中線分別正對東西南北四個方位，只有在春、秋分時的日出或日落陽光會直射到這個東西兩面的中線，其他時候會在斜面的一邊發亮，所以只要看東西面的陽光反射就可以知春、秋的時刻，實在非常方便。在南北面的陽光反射角度及金字塔的投影變化就可以定出夏至及冬至的時刻。

金字塔、鐵隕石和火鳳凰

你可能要問：為什麼埃及金字塔要建成這樣的形狀，這可能是因為

埃及最早崇拜的是一個從外太空飛來的神物——鐵隕石，古代埃及很多城市都祭拜鐵隕石，最著名的就是 Letopolis（雷城）及 Heliopolis（太陽城）。

鐵隕石經過與空氣摩擦後產生前尖後圓的圓錐形，他們稱這個隕石為 Ben-Ben（種子的意思），他們模仿得到的圓錐形鐵隕石去製造一個理想的圓錐體，但大概這個形狀不好建造，所以用金字塔的形狀來製造，在埃及博物館就有這種像小金字塔的 Ben-Ben 石複製品（因此又稱為 Ben-Benet 或 pyramidion，這是因為鐵隕石在長時間後會生銹腐蝕，所以才作成替代品），上面都黑石磨光而且刻有飛鳥的符號及祝詞，後來埃及人才把 Ben-Ben 石放大成為我們現在看到的金字塔。在 Giza 大金字塔頂端有一個金字塔縮小型的頂石（就是 Ben-Ben 石），現已遺失，埃及政府本來想在公元 2000 年元旦時將新作的頂石放上去，但因故取消，這個 Ben-Ben 石的表面鑲有金箔，因此會閃閃發光。

他們開始時把 Ben-Ben 石放在柱子上供奉，就是後來製造的方尖塔（Obelisk），埃及方尖碑柱的斜角及頂端金字塔的角度和每一個方尖碑所在地理位置的經緯度吻合，顯然方尖塔是一個很巧妙的天文儀器，現在已知最早的方尖塔已經有 4500 年的歷史。現在世界很多都市都有埃及的方尖塔，最著名的是梵諦岡的聖彼得廣場中心的方尖塔，在古代這些方尖塔都被用來作為定時日晷的表柱。美國首都華盛頓的紀念碑其實就是仿造這個古代的天文儀器，你下次到華盛頓特區觀光時，就應該對這個古文明的產物肅然起敬。

埃及的火鳳凰（Phoenix）的傳說大概就是來自看到在空中燃燒的快速飛行鐵隕石（鐵燃燒會產生紅光），而他們說的火鳳凰尖銳叫聲就是和空氣摩擦時產生的聲音，火鳳凰掉下後產生很多的灰塵，灰塵散去後就看到火鳳凰的蛋（鐵隕石），這大概就是火鳳凰浴火再生神話的由來，因此 Ben-Ben 石也是放在火鳳凰神廟裡，Ben-Ben 石也都刻有

飛鳥。在中美洲印地安人信仰的羽蛇神（Quetzalcoatl）大概也是形容從天空下落燃燒的隕石。因為鐵隕石下落時都有火光，而太陽是一個火球，因此古代人都以為是太陽送來的神物，因此都以太陽神來祭拜。

　　形狀比較大的鐵隕石才能在受到空氣摩擦後產生大的錐形黑色鐵塊，這種錐形黑色鐵塊是古代很多民族崇拜的神物，對古人來說，從天空掉下來的火球是令人敬畏的。在古代希臘德爾福（Delphi）太陽神廟裡就供有一個圓錐形的 Omphalos 隕石（原石已消失了，現只有複製品），Omphalos 是肚臍的意思，因為古希臘人認為隕石撞擊造成的凹坑就是地球的肚臍，是世界的中心，古代弗里吉亞（Phyrigia）也供奉一個稱為 Needle of Cybele 的錐形大隕石，弗里吉亞是古代小亞細亞的一個印歐民族的王國，它最有名的國王就是出現在亞歷山大大帝快刀斬亂麻的故事，那個亂麻死結就是他們的一個國王高爾吉亞（Gorias）作來挑戰亞歷山大的。回教也崇拜一個傳說天使交給亞伯拉罕的隕石，每年回教徒都要繞著供有黑色隕石的 Kaaba 七次，北美印地安人也供奉鐵隕石。公元前二至三世紀羅馬人和伽太基戰爭時，因為常常戰敗，占卜結果告訴他們必須把在 Pesinnus 廟（在現今土耳其）供奉的圓錐形的大隕石請到羅馬，戰爭才會勝利，果然在得到大隕石後就打敗了伽太基的漢尼拔軍隊，羅馬人還特別為這個隕石建造一個神廟。在古代敘利亞的 Emesa（現今的霍姆斯）也有一個供奉圓錐形大隕石的廟（稱為 Elagabalus 神，見下圖），是當地祭拜的太陽神，當地的大祭師後來就

→供奉在廟裡的 Emesa 圓錐形大隕石

成為羅馬皇帝安東尼（218-222）。中國古代對隕石作很詳細的記錄及分析，大概因此見怪不怪，就沒有崇拜隕石的情況。

鐵隕石也開啟了鐵器時代，最早的鐵器就是用鐵隕石作成的，鐵隕石含有鎳，因此早期的鐵器都含有這個金屬，3400 年前的埃及著名圖坦卡門墓裡就有一把含有鎳的鐵匕首，1911 年在埃及發現的 5000 年前的裝飾品就是隕鐵作成的，在小亞細亞也發現有一把 4300 年前用隕鐵作的鐵劍，開始使用鐵兵器作戰的西臺人（Hittite）也說鐵來自天火，沒有鐵礦的愛斯基摩人也用鐵隕石來製造他們的漁獵工具，總之，鐵隕石讓人瞭解到可以用鐵來製造新的工具，促進了人類文明的發展。現在發現世界最早冶煉鐵礦的地方是在西非奈及利亞的 Lejja，2012 年經碳 12 的分析，這個煉鐵工地已有四千多年歷史，他們也崇拜日神，Lejja 地方也祭拜一個稱作 Odegwoo 的圓錐形土堆。奈及利亞地區的 Bantu 民族可能是古代埃及人的祖先，他們的語言和古埃及有密切的關係。

金字塔：一個和數學常數有關的方底錐

因為埃及人崇拜從天外飛來的錐形鐵隕石，他們也用石頭製造類似錐形鐵隕石的 Ben-Ben 石，金字塔就是他們建造的巨大 Ben-Ben 石，因為我們現在知道埃及金字塔的底部總邊長 p 和金字塔高度 h 有一個數學關係：$p = 2\pi h$，因為圓的周長為 $2\pi r$，所以 p 就等於一個以 h 為半徑的圓的圓周，這是一個高為 h 而底圓半徑也為 h 的圓錐體，這大概就是要模擬圓錐形的鐵隕石。

金字塔的表圭結構也可以讓我們想像埃及人是如何設計建造這個巨大的建築物，首先他們在一個地點豎立一個很高的表柱（146.6 公尺），以表柱為中心，h 為半徑在沙地上畫一個大圓，再由上面所說的表柱定位方法訂出東西南北四個方位點，並用北斗七星來校正正北的方向。用

繩子量出圓的周長後，取 1/4 長度作為金字塔的邊長，再由表柱的頂端各拉一條繩子到四個邊的交點（邊的中點為四正方位），這四條繩子便是金字塔的四個邊，就是建築的界線，這樣就可一層一層的把石塊疊上去而不會歪斜，因為每一層都是正四方形，因此每一層所需要的石塊數目很快就可以計算出來。

這樣建造的金字塔的高（h）與 1/2 邊長（$2\pi h/4$）的比 = $4/\pi$= 1.2732365，從三角函數 tangent 就可以得到斜面和地平面的夾角是 51.854°，這與實際估算的值吻合，很巧的，這個值的一半是 25.927，剛好差不多是大年值的 1/1000，這個角度也差不多是 360° 的 1/7，7 是埃及的神聖數字。1.2732 這個值很接近（φ）$^{1/2}$（=1.27202），邊長為 1 及（φ）$^{1/2}$，弦為 φ 的直角三角形，稱為開普勒（Kepler）三角形，而 1.2732–1 = 0.2732，剛好是恆星月週期的 1/100。一個等邊三角形，其中兩個角為 51.85，那第三個角是 76.30，（4×51.85）/76.30= 2.71822，和 e 值（Euler's number，2.71828）幾乎相同，所以大金字塔的結構和數學中有名的 π、φ、e 常數似乎都有關係，但四千多年前的埃及可能沒有這些常數的概念，這些巧合可能只是因為埃及人用高及底圓半徑相同的圓錐體作模型來建造金字塔。

埃及人如何建造巨大的 Giza 大金字塔至今仍是一個謎，這個金字塔大約由 230 萬個石塊組成，每一石塊平均重達 2 至 3 噸，我們現在很難想像埃及人在 4600 年前，只用簡單的工具就可以在短時間（23 年）內整齊切割這麼多的石灰岩大石頭，再搬運到建造的地方，並把它們像積木一樣的疊起來，大概算起來每一分鐘要放上一個大石塊！很多科學家都提出各種假說來解釋，埃及人如何把那麼多、那麼重的石塊有效的疊起來成為大金字塔，但到現在為止並沒有令人滿意的答案，我個人認為以獸皮作的熱氣球加上一些人力，來運大石塊應該是簡單可行的辦法。

更令人疑惑的是當時只有簡單的銅及石器，這些工具並無法切割硬度極高的花崗石，他們還可以把重達 70 噸的花崗石石柱架在金字塔內。其實我們只要借用石器時代中國切割硬度極高玉的技術就可以了，中國古代的方法是用獸皮切成的線加上自然形成硬度極高的沙子（稱為解玉沙）在水的冷卻下，用摩擦的方式將玉切成或琢磨成不同形狀及花紋。但要切割巨大的花崗石石柱可能就需要另外加上特殊的技術，因為花崗石結構是一層層疊起來的，工匠只要先找到疊起來的紋路，在紋路上用冶玉的方法在紋路上鑽洞，再錘打插入的木條，就可以將花崗石從紋路之間裂解出來。

　　金字塔這麼大的建築物能夠有這樣準確的方位實在很不容易，因為初步的方位是用小表圭測定的，要延伸這個方位必須要有校正

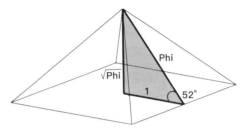

的方法，不然失之毫釐，差之千里，就會很產生很大的誤差，古代埃及人也發明一個用拉緊的繩子繞過數個測桿的方法來作校正，意思是在長距離測量時用兩點為一直線會容易產生很大的誤差，必須用多點連線的方法才可以減少誤差，改進觀測精確度是科學研究的基本精神，埃及的神廟、宮殿等都是用這種方法建造，在破土時的典禮就是由法老王和建築師共同拉緊繩子對準正北的方向，古代埃及主管建造的是女神塞莎特（Seshat），她也是文字發明者，並記錄國家大事，她的著名符號就是一個七角形。中國傳說中的文字發明者是倉頡，日本人讀倉為 so（少去鼻音），頡字另外一個讀音是「協」，這樣念起來就很接近 Seshat 了，兩者是否有關就有待進一步研究了。

Chapter 5 /

日晷（Sundial）

　　將表固定在一個可以同時可以測量日影長度（與季節有關）及方向（與時辰有關）的儀器就是日晷（音「軌」），日晷測量的方法有很多種，不管如何，在立表的平面圓周上畫上刻度就可以用來定方位、季節、時辰及全年的日數，表影在晷面上移動一寸稱為「一寸光陰」，就是成語「一寸光陰一寸金」的由來（唐王貞白詩：「讀書不覺已春深，一寸光陰一寸金」）。

　　已知最早的日晷是 3500 年前埃及用來訂工作時程的日晷，另外現在發現的埃及 3500 年前的表圭上面有 3、6、9、12 四個單位的刻度，用來作白天定時，事實上就是一種簡單可以隨身攜帶的日晷，作為個人約會時的時鐘。不過因為冬天白天比較短，夏天白天比較長，就必須要作校正，他們的作法是在表上加木塊，讓不同季節的中午日影都等長。

　　中國 1987 年在安徽含山縣發現一個五千多年前的玉版，它的形態其實是古代所謂的「圭璧」，就是把量長度的「圭」和量方位的「璧」（外圓半徑是內圓半徑的三倍，正是含山玉版外內圓半徑的比例）合起來用，也就是日晷的原始形態，所以古代日晷稱為「日規」，就是因為日晷底盤是圓形的，需要用規來畫圓。「璧」是中間有一個圓洞的圓

形玉器，圓洞就是插表的地方，並可以旋轉圭來定方位，圓上方尖形有刻度的圖樣，尖形圭（「矢」）是來標定方向，圭上面三條線就是用來量冬夏至及春秋分日影長度的座標。這個圖像的外圓有八個圭，代表四正及四維的方位，大圓外的四個圭就是冬夏至日出及日落的方位，內圓有一個「亞」字形的八角星，這個符號在中國許多考古遺址中都有發現（例如大溪文化、大汶口文化等），一般認為是代表太陽的符號，有趣的是這個符號在拉托維亞（Lativa）稱為 Auseklis star（晨星的意思），用來代表金星在八年週期中的位置，金星的週期在古代南美阿茲特克（Aztec）是用來協調日、月曆。「亞」字形的八角星可

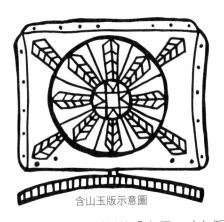

含山玉版示意圖

以一筆畫出，就像金星的五角星一樣。現在莫爾多瓦共和國（Mordovia）和烏德穆爾特共和國（Udmurtia）兩國的國旗就是用 Auseklis star 作標記。

這個「亞」字形的八角星形狀和《禮記・月令》中描述的帝王在不同月在不同方位居住的描述吻合，中間的正方形就是中央大廳，八角星形的尖角就是《月令》所說的「左個」（左偏室）及「右個」（右偏室），大廳和一個方位的「左個」及「右個」為一季，共 12 個月，因此可能是一個古代部落的「亞」字形「大房子」，這是因為古代首領也是巫師，不但必須觀測天象，而且必須在不同季節舉行祭典，「亞」字在甲骨文就是用作祭祀場所的意思，殷商王陵墓也多作「亞」字形，大概就是源於這個傳統。在第一篇第二章提到的紐西蘭毛利人的 Miringa Te Kakara 就是這種「亞」字形用來觀測天象及舉行部落會議的「大房子」，和中國古代五宮明堂的結構非常相似。

玉璧的形狀可能就是模仿人眼的虹膜及瞳孔的形狀（因為瞳孔大小會隨光線明暗而改變），玉璧內外徑 3 倍比例大概是一般白天時的比例，有的玉璧內徑較小可能是代表在很亮時的瞳孔，用人眼睛的構造來製造測量天象的儀器是相當有趣的，遠古貝加爾湖文化遺址的人眼裡嵌有玉璧，八千多年前興隆窪文化遺址墓葬裡就是將玉玦嵌入眼中，紅山文化、牛河梁文化和興隆窪文化的玉也都來自貝加爾湖地區（古外蒙古北方），而且也都有目中嵌玉璧，貝加爾湖有很古老的舊石器時代文化，是古代人類的集散地，是蒙古人、東北民族和美洲印地安人的發源地，那裡也有遠古的西亞人種，從現代基因分析，美洲印地安人大概就是在貝加爾湖地區歐亞人的混種。現代的研究發現瞳孔的大小和一個人的心靈活動很有關係，很明顯就是我們的靈魂之窗。

當太陽在天空運行時（從我們在地球上的觀點），表圭的影子會隨著作弧形向順時鐘方向的旋轉，冬至時正午時太陽在正南方，光影就指向北方，日晷儀器上的刻度就可用來計時，埃及及巴比倫人就把白天時間分成 12 小時（中國古代則一天分成 12 個時辰），每小時再細分成 60 分鐘，每分鐘再分成 60 秒，中國 1897 年在內蒙古托克托縣發現東漢時的的日晷，這個日晷的圓盤分成 100 等分，以中央孔洞為中心刻出兩個同心圓，內圓與外圓之間刻有 69 條輻射線，這 69 條輻射線就是在當地緯度用來計時的。太陽光影在春、秋分會在東、西方向經表柱過形成一條直線，冬、夏至時則會在表柱的南北方形成兩條曲線，就是數學裡所謂的「雙曲線」（hyperbola），這兩條曲線和上面提到的「 𝕏 」（冬夏至日出及日落的影點相連），大概就是「兆」字的由來，在日常生活中可以看到不少「雙曲線」，例如手電筒的燈光、薯片等，在應用方面有核電塔、鏡片、衛星科技等。

但因為地軸的傾斜及地球運行並不等速，因此用日晷定出的時間和用人工等分時鐘的時間在不同時候就會有一些差別，因此用日晷定時就

需要作校正，校正的值會因日而異，唐末天文學家邊岡就用二個三次函數來計算晷影的變化，把日影測量公式化，這是中國天文學數理化的一個重要里程碑。

　　如果把一年中每一天同一個時間太陽的光影頂點聯接起來就會得到一個「8」字形的曲線，因此你如果每天在固定的鐘錶時間（例如中午十二點）記錄日影的位置，在一年後你就會發現日影的軌跡會呈現一個拉長的「8」的形狀，上半頂點就是夏至，下半頂點就是冬至，這個「8」字形軌道稱為日行跡（analemma，意思是日影在日晷上的軌跡），「8」字形狀主要是因為地球軸傾斜的關係，

　　你如果每天在固定時間及固定地點，用放大鏡把陽光聚焦在紙上燒出一個小黑點，那麼一年後就可以看到這個8字形的太陽（相對於地球）運行軌跡，這個軌跡的方向和形狀會隨著測量的時間和你所在的緯度而不一樣。你如果到北京天文臺就可以看到刻在石表上的日行跡，在瑞典就有一個用 50 個石塊組成的「8」字石陣，大概就是用來修正日晷的時間。

　　把日行跡用圓圈起來，將 8 的上半及圓的一邊用黑色，8 的下半及旁邊用白色就可以得到一個太極圖，現在常看到的太極圖是將其美化的（把「8」用兩個等圓來畫），這樣就成為陰陽互補的圖形。有趣的是在底下冬至點曲線的角大約是 23.5 度，剛好是黃道和赤道的交角。

　　丹麥著名的物理學家波爾（N. Bohr，1922 年諾貝爾物理獎得主）曾苦思在量子力學中為什麼物質會有「粒子」和「波」的雙重性質，他最後想出「粒子」和「波」是物質互補性質的理論，在 1937 年他受邀到中國講學，當他看到中國的太極圖時非常驚奇，因為太極圖就是他互補理論的最佳圖示！因此他就用太極圖作為他的族徽（Coat of Arms）。韓國國旗中的太極圖則是將中國太極圖旋轉 180 度，而且少了兩個圓點，八卦也只剩四卦，用來代表四季，四維的卦就不見了，和

太極圖原意已大不相同了，這大概是 1882 年朝鮮出使日本的使者因為臨時需要國徽，就取當時流行的太極八卦圖作為國徽，這個圖後來經過一位英國駐朝鮮的使節「美化」，才修成和中國太極八卦圖很不一樣的國旗。

用表圭及日晷來定季節及時辰會有兩個問題，第一、地軸是傾斜的，第二、因為地球公轉的軌道是橢圓形，繞太陽的速度會隨繞行的位置而不一樣（，因此用表圭得到的時辰和用時鐘的時間（平均太陽時間）會有差異（稱為 equation of time，均時差）。到了 1371 年時伊斯蘭科學家伊本 · 沙提爾（Abu'l-Hasan Ibn al-Shatir, 1304-1375）才用剛發展出來的三角學製作一個一年四季都適用的日晷，這種晷儀的晷面和赤道平行，稱為赤道式日晷，因此在平面上每小時間隔的日影都是相同的，這樣就可以方便計時，但需要在日晷的上下兩面都刻上時辰，因為從秋分到春分之間陽光是照在日晷的底面，在上面的時刻方向是順時鐘，而下面的時刻方向則是逆時鐘。北京紫禁城太和殿前就有一個這樣的日晷，北京古觀象臺也有一個明代石製赤道式日晷，上面刻有日行跡的圖樣。

但事實上古代希臘已經在使用這種儀器了，這種儀器大概就是在阿富汗 Ai-Khanoum（意思是月女，在現在阿富汗北部）發現的古希臘赤道式日晷，這是亞歷山大大帝公元前第四世紀在這裡建立殖民地時所留下來的天文儀器，上述阜陽漢汝陰侯墓中就發現了一個赤道式日晷，上面繪有北斗七星，這個在漢文帝七年（公元前 173 年）製作的天文儀器這是世界現存最早且具有確定年代的赤道式天體測量儀器實物，大約和 Ai-Khanoum 赤道式日晷同一時期，不知道是否從希臘殖民地傳到中國的。赤道式日晷的發明顯示當時天文學家已經瞭解地軸是傾斜的。

這個漢代赤道式日晷包含兩個部分，一個測影的圓盤及一個漆器的支架，形成一個適用在阜陽地理緯度的赤道式天體測量儀器，這個圓盤

（太乙九宮占盤）分成兩層，可以相互轉動，上層（天盤）較小有九宮圖，這個圖像與《靈樞》的九宮八風圖完全一致，上盤周圍帶有 365 個小孔，表示周天刻度，下層（地盤）較大，週邊刻有二十八宿及其度數，並有節氣日數及吉凶占辭，但因為這個日晷上面沒有時刻，而且底部被架子遮住，因此不可能用來定時辰，顯然只是用來定季節及作為占卜用的。在美國亞利桑那州 Signal Hill 的地方有一塊石頭的斜度剛好是當地的緯度，所以這塊石頭就是一個自然的赤道式日晷，可能是霍霍卡姆族印第安人（Hohokam）用來觀測天象。

元朝時，阿拉伯天文學家札馬魯丁（Jamal al Din）引進可以準確的訂定冬、夏至及春、秋分的阿拉伯新型日晷（晷影堂），《元史》稱為「魯哈麻亦渺凹只」及「魯哈麻亦木思塔餘」，這是將陽光透過南北的屋頂狹縫照到一個轉動的銅尺，來讀出日光的長度。

Chapter 6

漏刻時鐘（clepsydra）

　　但圭表或日晷的缺點是需要有太陽時才能用來計時及定向，而且地球的不等速運行也會帶來誤差，因此古代埃及就發明用漏水來計時的漏刻時鐘（clepsydra，在 3500 年前 Amenhotep 法老王墓裡就有這樣的時鐘），這個最早的漏刻有一個非常細小的漏口，讓埃及人可以量測很長的時間。巴比倫在 3400 年前就已發明用漏水來轉動齒輪的時鐘，中國周朝或更早時期也用漏刻來計時，《周禮夏官》就記載「挈壺氏……懸壺以水火守之，分以日夜」，一直沿用到明朝天主教耶穌會教士把機械鐘表帶到中國才停用。

　　在古希臘漏刻上有刻度把一天分成二十四小時，但因為溫度會影響漏水的快慢而且日夜時間會隨季節而變，因此這種計時的儀器仍然不很理想，在《周禮》已經注意到這些因素，因此中國古代的漏刻的刻度就規定隨季節及日夜而有不同，衛宏《漢舊儀》就有「至立春，晝四十六刻，夜五十四刻」的記載。後來雅典的克特必西亞斯（Ctesibius, 285-222BC，數學家，氣體力學之父）將之改良成為連續計時的水鐘，並發明讓水位維持一定高度的自動裝置（和現在抽水馬桶的原理相同），用滴下的水去轉動一個輪子，這個輪子再帶動一個偶像，這個偶像指的就

是當時的時間，因為水位高度不變，因此可以很準確的連續記錄時間，很像我們現在的時鐘，其實只是早先巴比倫水鐘的改良版。在希臘雅典的風塔的裡面有一個古代 24 小時水鐘也是使用相同的結構，每一面牆上有一個表圭（卦），形成八卦來標記季節的變化，每面牆上方各有一個彫像象徵八個方位（八卦圖），屋頂上則有一個銅像用來指出風向，這個八個風向的設計與中國古代洛書的「九宮八風」的意義是相同的，九宮是八個方位加上中心點——赤極。

東漢張衡也用類似的方法設計出水動的渾象儀，唐朝時天文學家僧一行和機械工程師梁令瓚（他也是唐代著名的畫家）合作，改良張衡的渾象儀製造出水運渾儀，這個儀器同時也是精巧的機械自動計時器，這是世界上最早的機械時鐘，用擺輪（escapement）的機械原理使這個機器自動報時，擺輪最早是拜占庭科學家費隆（Philo）在公元前三世紀發明的，這也是惠更斯發明鐘擺時鐘時用的機械原理，一行和梁令瓚設計的巧妙機器有兩個木製機器人，一個機器人每一刻敲一次鼓（一天分為一百刻），另一個機器人每辰敲一次鈴（一天分為十二辰）。在宋元祐元年（公元 1088 年）宋朝的蘇頌就製作了一個高 12 公尺的機械水鐘（水運儀象臺），是機械時鐘的濫觴，現在在臺中科博館可以看到它的模型，元朝郭守敬在 1276 年也曾做一個稱為「七寶燈漏」的自動報時機械時鐘（大陸邢臺市郭守敬紀念館有一臺複製的儀器），這個時鐘有 12 個有標記時辰的木偶，會輪流出來報時，並會打擊樂器來報時。但機械時鐘除了水鐘的問題外，還有摩擦力的問題，這就要等到十八世紀鐘擺時鐘及新的擺輪發明後，才有比較準確的時鐘。

中國古代還有一種用落體運動時間來計時的時鐘，把一個銅球經過「之」字形曲折的管道落到下面產生聲音的時間作為定時的標準時刻，這個構想最早是唐朝僧人文誥提出來的，稱為「輥彈漏刻」，用來在行軍中計時，後來又稱「碑漏」或「星丸漏」，如果用一個銅球所經過的

時間是 24 秒，150 顆銅球就是一小時，這種計時儀器不受氣候影響而且可以隨身攜帶，相當方便。發明這個計時器的人，一定要對物體的斜坡運動作過相當詳細的觀察、記錄和計算，才能用適當的斜坡角度及長度去得到一個準確的時刻（一天時間的幾分之一），我們可以想像他是先用一個很長的斜坡作實驗去定落體的時間，得到相當於一個時刻的適當角度及長度後，再利用動量不滅定理把斜坡摺成幾段，來節省空間，如果是這樣，那麼他的斜坡的落體實驗要比伽利略的著名實驗要早了一千年！但很可惜，中國古代沒有發揮這個運動學的研究成果。另外，在還沒有鐘錶的時代，這個發明者如何計量相當短的落體時間（伽利略也有相同的問題）也是一個有趣的問題，總之，這個落體計時儀器是一個很好的物理教材。

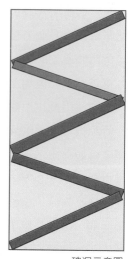

碑漏示意圖

除了上述的計時器之外，中國古代還有一種稱為「欹（讀音 qi）器」的簡單計時器，這是一種利用重心變化物理原理設計的容器，欹器在遠古時代是用來取水的尖底容器，在 6000 年前仰韶文化半坡遺址就有發現這種容器。這個器具有一個特點，就是裡面沒有水時，吊起來是傾斜的，水放滿一半時就會直立，但滿水的時候就會倒過來把水倒掉，它的作用就像現在的沙漏（hour glass），只是欹器是一個可以自動連續計時的儀器。欹器因為「虛則欹，中則正，滿則覆」，所以古人用來作為「座右銘」來警示自己，稱為「宥（右）座」，老子學生辛文子（計然）在《通玄真經》就提到這個宥座：「老子曰：三皇五帝有戒之器，命曰侑卮，其沖即正，其盈即覆。」隋朝時耿詢也發明一種稱為「馬上漏刻」的計時器，可以在動態時使用，現在猜想可能就是像我們常見的沙漏那

樣作為短時間的計時器，或是改良後的秤漏。沙漏最早可能是在公元前150年在埃及亞歷山大發明的，不過中國早期還沒有玻璃，因此耿詢的計時器大概不是沙漏，這種動態用的計時器在古代行軍或乘船時就很方便。

北魏道人李蘭曾發明用秤水重來定時的秤漏，因為使用方便，也不太受室溫影響，是古代主要的計時器之一，這個計時器曾傳至伊斯蘭國家。另外還有用火燒香來記時的「香鐘」，這種「香鐘」在乾旱時期就很適用，而且又便宜又方便，這是把空間變化換成時間的方法，其中一種巧妙的「香鐘」是把香粉排成一個圖形，火從一個地方點起，燒到一處就代表一刻。另一種則是把香和響鈴結在一起，香燒完時響鈴就會掉到地上產生聲音，宋朝就有一種龍形的香火鬧鐘，上面可以放很多香線來告知時段，韓劇《風之畫師》裡就有這樣的鬧鐘。

時鐘和經度的量測

大海茫茫，因此經緯度方位的測量對於航海非常重要，古代腓尼基人就用天文的觀測來幫助航行，他們稱日出為 asu，日落為 erep，這就是 Asia 及 Europe 兩個字的由來，asu 也是 east 的字源，因為亞洲在他們航行時日出的東方，而歐洲則在日落的西方，用上述的方法南北緯度位置的測定比較簡單，例如下弦月的兩點方向就是北方，如果月亮在黃昏時升起，亮的那一邊就是西方，北斗也可以用來定緯度，但天氣不佳時就需要依靠後來在中國發明的羅盤針，但東西方位經度的決定就比較困難。因為東西方位和地球自轉有關，所以兩點的相對位置可以用時鐘來作測量，兩點的東西經度越近，時差就越小，古代希臘天文學家伊巴谷就建議用月的圓缺來定時差，但因為當時還沒有時鐘因此實際不可行，歷代都有人想盡辦法但也都不成功，到了十六世紀歐洲航海盛行，

急需有測量東西方位經度的方法，各國都懸賞重金徵求決定經度的辦法，1530 年時荷蘭的醫師科學家佛利斯厄斯（Gemma Frisius）首先提出用機械時鐘的時差來測量兩地的相對東西位置，這個構想促進了準確時鐘的發明，十八世紀中葉英國的哈理遜（John Harrison）終於發明了可以在航行時計時的時鐘才解決了這個問題，也成功的作出正確的世界地圖，使航海變成一個比較可靠的活動。

中國古代量測季節的「溫度計」

有時候用日晷測量的天文和氣候變化不完全一致，為了預測季節的變化，中國古代還發明了用濕度變化來看氣候的變化，這個方法就是利用炭會吸水的原理，如果把等重的炭和土（後來改用更不會濕度影響的鐵）放在秤的的兩邊，夏天時濕度大，炭吸水後就會變重，到了冬天就會變輕，《淮南子‧天文訓》裡就説：「水勝則夏至濕，火勝則冬至燥，燥故炭輕，濕故炭重。」

Chapter 7

量測星球的儀器

　　因為有很多不同亮度的星星，而且行星的運動軌跡相當複雜，因此要定星球的方位就必須要有可以量測角度坐標的儀器在夜間觀測不同星球的方位或運行軌跡。古代埃及就發明一種很巧妙而且實用的儀器（見右圖），這個儀器是利用重力及畢氏定律（其實是從埃及學到的），把一個重球掛在 T 形木架上，在垂直及平行的木架有一個有刻度的木尺，木尺和兩個木架的交點到木架的中心距離相同，換句話説，木尺和兩個木架形成一個有 45 度角的三角形，若將 T 形木架轉一個角度指向要觀察的星象，重球因為重力關係就會懸在木尺的某一個位置上，因為木尺全長相當於 90 度，因此很容易就可以量出傾斜角。而為了減少視角的誤差，他們用一個分叉成 V 字形的木頭（稱作 bal，是 merkhet 的一部分，最早是用棕櫚葉梗，將較粗的一端切開成 V 字形），順著兩個 bal 的 V 的底部的那一個點成一直線到懸吊重球線上端的一個點去觀察，就可以很準確的得到星球的角度。本來兩點就可決定一條直線，埃及人用三點來定角度主要就是要減少視角造成的誤差，希臘天文學家阿里斯塔克斯（Aristarchus）就是因為量測角度不正確使他算出的地球和太陽的距離比實際值差了 20 倍。希臘人後來將埃及人的方法加以改良，他們將一

個木板兩端各放一個觀測的洞（相當於上述的兩個 merkhet 的 V 點，也就是阿拉伯天文儀器窺衡的原形），然後將這個觀測木板固定在一個可以旋轉並測量角度的儀器上，例如將觀測尺放在半圓的直徑上，半圓上有角度的刻度，圓心有一個垂直地面的指針來量角度。

窺管

因為各個星球的亮度不同，用上述這種觀測的方法去看比較暗的星球時會受到其他星光的干擾，在觀看偕日出或偕日落的星球時也會受到陽光的干擾，中國因為出產竹子，用竹管來作觀測就可減少上述的問題，而且因為觀測的背景變暗，眼睛的敏感度增加，可以看得更清楚，如果竹管夠直，洞口又小，就會減少視角的誤差，觀測的範圍變小，可以增加觀測的正確性，望遠鏡也是用這個原理，只是在管內加了放大影像的鏡片而已。這種觀星象的儀器稱為「窺管」，希臘哲學家亞理斯多德就曾提到窺管，希臘天文學家就是用這種窺管去找到在晚上位置不會

變動但光度很暗的北極星。在中國也很早就使用窺管，《管子秋水》裡就有「是直用管窺天」的句子，在渾天儀的窺管長度為八尺，後來才改用銅來製造去觀測星星的位置，但後來用銅作的窺管會有反光的干擾，因此元朝時郭守敬就用從阿拉伯傳來只有兩端有窺洞的「窺衡」，並在兩端窺洞裡加上十字絲讓觀測更為準確，後來西方在窺管裡加入放大的鏡片就變成了望遠鏡了。

希臘在公元前三世紀也發展出窺管，並將窺管架在一個可以量測角度的儀器上，這一類觀測星象的儀器稱為 dioptra，可以用在天象觀測及土木測量，大概在同一時期中國也發展出類似的儀器，在《開元占經》引用戰國時代的天文學家石申觀察星象的結果，《石氏星經》說：「角為蒼龍之首……去極九十三度半。」大概就是用可以量測星象角度的儀器。

戰國時期天文學家甘德可能就是用這種窺管儀器（大概只有單一可以旋轉量測角度的原始渾儀）在公元前 364 年看到木星（Jupiter）的紅色衛星（木衛三，Ganymede），比伽利略用望遠鏡發現木星衛星早了兩千年！木星距離地球有 5.9 到 9.7 億公里之遠，而它的衛星的半徑最大的只有兩千六百公里，甘德顯然有很好的眼力，因為甘德的著作《歲星經》早已失傳，甘德的發現是記載在唐朝印度天文學家瞿曇悉達（Gautama Siddha）編撰的《開元占經》：「若有小赤星附於其側。」而到伽利略用望遠鏡看到衛星之前兩千年之間都沒有人看到，因此許多人都懷疑肉眼是否真的可以看到木星的衛星，為了證明這一點，北京天文臺在 1980 年 5 月用特別設計一個仿人眼的照相儀器去照木星的影像，結果洗出的照片果然可以看到木星的紅色衛星，而且用現代天文知識也可以證實甘德對歲星記錄的確是符合在戰國時期這個星球的位置，這個結果證實古人對於星球仔細的觀察，也由此可見窺管的功效。

渾天儀

　　古代觀測星象的儀器經過多次改良後，加上刻有座標的赤道環或黃道環大概就是《尚書堯典》所說的「璿璣玉衡」的渾儀觀測儀器，《史記‧五帝本紀》集解引鄭玄注云：「璿璣玉衡，渾天儀也。」唐孔穎達《尚書正義》疏：「璣衡者，璣為轉運，衡為橫簫，運璣使動於下以衡望之，是王者正天文之器，漢世以來謂之渾天儀者是也。」蔡邕云：「玉衡，長八尺，孔徑一寸，下端望之，以視星辰，蓋懸璣以象天而衡望之，轉璣窺衡以知星宿。」在漢武帝太初時期由落下閎（公元前156-87年）根據他的渾天說製造了渾天儀，不過落下閎說他年青時就開始學作這種儀器，顯然在他之前已經有了渾天儀。後來賈逵在東漢永元十五年（公元103年）加入黃道環，把窺管和三個坐標系統連接起來，這三個環形的坐標，分別是子午環（通過觀測者正上方的子午線）、黃道及赤道，東漢永元十五年賈逵發明黃道銅儀，張衡（公元78-139）還設計用水車來轉動的渾象來演示天文的運轉，北魏時太史令晁崇和都匠斛蘭一起製造了一個裝有水平儀的鐵渾天儀，這個儀器有六個環（但沒有黃道），內部兩個可以運轉，並且有一個八尺（2.4公尺）長的窺管，唐朝時還在使用這個天文儀器。唐朝李淳風（公元602-670年，著名的《推背圖》作者）在貞觀七年（公元633年）製造三重儀（渾天黃道儀），可以觀察日、月及其他星球的軌道變化。後來梁令瓚在開元十一年（公元723年）將北魏儀器加以改良製造黃道游儀，使黃道環可以在赤道環上移動，以調節歲差。僧一行用這個儀器發現恆星的自行（proper motion）現象，比西方早了一千年，僧一行和梁令瓚也製造水運渾儀（一種像地球儀的天象儀，作為模擬天象之用），每一晝夜自轉一周，365轉為一周天，並有木人每一刻擊鼓自動報時。根據南宋李心傳在《建炎以來朝野雜記》裡的描述，北宋開封有四座渾天儀，每座

用 2 萬斤銅製造，可以想像這個古代的天文儀器是多麼的巨大！

後來渾天儀越來越複雜，到了金章宗的時（公元 1199 年），一位名為奧敦 · 丑和尚的女真官員提出用水力運轉的簡儀（〈浮漏、水稱、影儀、簡儀圖〉）的構想，元朝天文學家郭守敬則加入阿拉伯人的天文及數學知識才在公元 1276 年將渾天儀簡化改良成為簡儀，這是一個以赤道為座標的渾天儀，郭守敬並用阿拉伯人的球面三角學的方法來處理黃、赤道座標的換算。郭守敬也是水利專家，著有十四種天文著作，是世界最偉大天文學家之一。郭守敬是劉秉忠的學生，劉秉忠是元朝開國元勳，元朝的名號是他建議的，元朝的大都（現北京）及上都是他建造的。

落下閎是四川閬中人，曾參與《太初曆》的制定，我們現在每年慶祝的農曆新年就是依據太初曆訂定的，至今已有兩千多年歷史了，他的數學相當好，他在訂定太初曆所用的「連分數」數學原理（輾轉相除）來求漸進分數的方法比西方早了 1600 多年，他算出水星的週期是 115.87 日，只比現代用先進科技訂出來的值 115.88 日差了 0.01 日。閬中在歷代都出現許多著名天文學家，是中國古代天文學的重鎮。

類似的天文觀測儀器在西方稱為 armillary（armilla 和「渾」都是圓圈的意思），根據伊巴谷的說法，西方的 armillary 是由希臘天文學家埃拉托塞尼（Eratosthenes, 276-194BC，第一位量出地球周長及地軸傾斜角的科學家）發明的，不過 armillary 一般指象地球儀那樣的模型，把天象畫在圓球上，相當於中國的渾象，西方觀測用的 armillary 也是越變越複雜，托勒密（Ptolemy）用的就已經有六個環，元朝時阿拉伯天文學家札馬魯丁（Jamal al Din）曾經建造一個源自希臘有四個環的混天儀（《元史》稱之為「咱禿哈拉吉」），這個儀器有一個可以轉動的赤道環，但沒有窺管，觀天象是用有狹縫的銅片放在可旋轉的環上，稱為「銅方釘」，大概就是郭守敬使用的「窺衡」。不過西方的儀器是以黃道為主，中國則以赤道為主，後來才加上黃道座標，這是東西方最

不同的地方，後來丹麥的著名天文學家布拉赫（Tycho Brahe）在1581年採用古代的中國天文方法（布拉赫認為是他發明的），促使歐洲天文學的快速發展，好笑的是明朝時耶穌會教士利馬竇及南懷仁又把歐洲改良的天文儀傳回中國，大部分西方學者都不知道中國幾乎同時和希臘發展出渾天儀，到現在還是如此。

→六分儀

星盤（astrolabe）

渾天儀雖然可以定星象及時刻，但這是一個很大又固定的儀器，為了方便古代希臘人用投影幾何的方法則將三度空間的星象球面座標投影刻在二度空間的圓盤上，再加上有時間及方位刻度的同心圓圓環及可以轉動的標杆和網盤，基本上就是一種簡易的渾儀，不但可以觀測天象，也是一種可以用來定時、航海導航及占卜之用的類比計算機（analog computer），也是一種GPS儀器，這種儀器稱為星盤（astrolabe），使用時先把指針對準日期及時間就可以顯示當地的天象。因為星象和觀測地點有關，因此為了方便在不同地方使用，就必須加上不同緯度星象投影座標的圓盤，阿拉伯人因為宗教及航海貿易的需要就發展出很多美麗精巧的導航星盤，這些星盤用途有一千多種之多，在中世紀傳到歐洲

後，製造星盤的數學及工藝對歐洲科技發展產生相當重要的影響，中世紀歐洲機械時鐘的製造也是受到星盤的啟發。這種改良的星盤在元朝時曾由伊斯蘭天文學家札馬魯丁（Jamal al-Din ibn Mahammad al-Najjari/al-Bukhari）傳入中國，《元史》稱之為「速都兒」（al Usturlab），但漢人因為語言及文化的差異，又不了解它的數學原理，因此就沒有在中國生根。另外類似的儀器有四分儀（quadrant，托勒密所發明）及六分儀（布拉赫所發明）等，因為渾天儀相當複雜，所以後來阿拉伯及歐洲的天文學家就用四分儀或六分儀來作天象的測量，中亞的 Ulugh Beg 就在他著名的天文臺裡作了一個半徑 40.4 公尺巨大的六分儀來測量星象，著名的丹麥天文學家第谷·布拉赫（Tycho Brahe）就是用半徑 1.5 公尺的六分儀準確的量出行星的運動軌跡，讓開普勒能夠發現他的三個定律，這是天文學史上的一個非常重要的里程碑。

Antikythera 星盤：奇妙的古代天文計算機

在 1900 年時採集海棉的漁夫在地中海安迪基西拉（Antikythera）小島附近海底發現一個青銅作的圓形可能有多至 30 個齒輪非常複雜的機器，經過許多科學家的研究，發現這個西元前二世紀在希臘製作的儀器是一個可以用來計算各種天文數據（包括回歸年、月、月象、月的進動週期、默冬週期、卡利伯週期、沙羅週期、行星會合週期等）的類比計算機。

望遠鏡：推動現代科學的利器

　　但真正促進天文學快速發展的是功臣是望遠鏡，望遠鏡一般都認為是十六世紀時荷蘭的利波謝（Hans Lippershey, 1570-1619）所發明，但事實上荷蘭當時有好幾位工匠都作出望遠鏡。當時製造鏡片的技術從義大利傳到荷蘭，義大利人是從阿拉伯人那裡學到這個技術，鏡片製作的歷史相當久遠，最早的鏡片是三千多年前埃及所製造，公元前八世紀亞述人所製造的鏡片現存大英博物館，公元前五世紀克里特島也已有相當精美的鏡片。利波謝是一個磨鏡片的師父，他的小孩常常拿他磨出的鏡片去玩，有一天他的小孩告訴他如果把兩個鏡片放在一定距離時就可以看到遠處的景象，望遠鏡就是這樣發明出來的，最初望遠鏡是作為軍事觀察用的，伽利略知道這個儀器後便自行製造望遠鏡（伽利略本身就是一個磨鏡片的技師，他還開了一間眼鏡店），他在 1609 年將之應用到天文的觀察（telescope 這個名詞就是在 1611 年在一個慶祝伽利略的成就晚宴上由 John Demisiani 提出的），第一次看到月亮上的表面景像及木星的四個衛星，並將他看到的天文景像在 1610 年發表（*Sidereus Noncius*），不過現在知道英國的數學家哈里歐（Thomas Harriot, 1560-1621）在伽利略之前四個月就用荷蘭製造的望遠鏡看到月亮的表面結構並把看到的圖像畫下來。

　　望遠鏡對於歐洲科學發展影響非常深遠，因為在望遠鏡發明之前歐洲科學主要是探討古代留下來的知識，但用望遠鏡讓人們可以看到的新天文景像，打破了舊的天文觀念，同時期發明的顯微鏡也讓人們可以看到以前不知道的微生物及許多物體的細微結構，另外哥倫布利用新的航海技術在新大陸看到以前未知的新世界，這些發展都讓知識分子眼界大開，對自然界充滿了好奇心及憧憬，古代的知識已無法滿足學者追求知識的慾望，為了可以探索新的事物，科學家開始設計新的儀器並加以改

良，例如望遠鏡的設計經過多次改進後可以看到更詳細的天文景像，使天文學從研究行星運動及恆星位置的研究變成現代觀察星球結構及演化的新天文學，讓人類可以深入探索宇宙的奧密，透過高解析度望遠鏡的協助才能證實牛頓定律，並讓愛因斯坦可以發展出相對論。藉著這些新儀器及新思維的相互刺激及推動使歐洲的科學及天文學向前大幅邁進，把古文明發展出來的學問遠遠拋在後面，不但天文學如此，物理學、化學、醫學及應用科技也因為新儀器的發明及不斷改進而產生革命性的發展，而相同時期的中東及東方地區則還是侷限於探討古代留下來的思想！一直到現代，新儀器及研究方法仍然是推動西方科學的主力，這可以從很多諾貝爾獎都是頒給重要技術發明看出來新技術帶來新視界及新思維的重要性，例如 X 光繞射技術的發明讓科學家可以看到詳細的分子結構，對於化學、生物學及醫學的發展有極大的影響，從 1901 年到 2013 年就有 29 個諾貝爾獎頒這個領域的研究，尤其 1962 年用這個技術解出 DNA 的雙螺旋結構更使生物學進入了一個新紀元，不但發展出新的理論及觀念，並促進全新的技術發展（如遺傳工程、高速基因定序等等），而且因此產生了新的工業革命。

Chapter 8 /

天文臺與天文館

　　觀看星象當然需要特定地點，古時候就建立高塔來作觀測站，古代兩河流域文明崇拜月神 Nanna-Sin，最著名的就是在伊拉克烏爾的 Ziggurat（月神的廟），根據 Finn-Ugor 語，Zi 是靈魂，Gur 是山，這個字的意思就是「靈臺」，古代世界各地都有類似的結構，象徵通天的聖山，也代表「生」的子宮及「死」的墳墓，（月死而復生），Sin 現在仍然是庫德人對月亮的稱呼。馬雅文化的廟塔也是古代用來觀測天象的天文臺，中國的靈臺在夏代稱為清臺，商代稱為神臺，周代稱為靈臺，洛陽市郊就有東漢在建武中元元年（公元前 56 年）時建造的天文臺遺址，張衡就是在這裡作天文觀測，西安也有周文王的天文臺遺址，這就是現代天文臺的起源。

　　中國古代有一種特殊的建築稱為「明堂」，這是古代帝王舉行祭祀、慶典及朝會的地方，這是從古代部落「大房子」演變過來的，「明堂」屋頂是圓形象徵天，屋子為正方形象徵地，屋子內部隔成九間稱為「九宮」，對外有 12 個門，象徵 12 個月，外面用圓形水池圍住，屋上還有觀星象的靈臺，現在在山西大同市還可以看到復原的北魏時期明堂建築（建於公元 491 年，占地超過百畝），根據北魏酈道元在《水經注》

裡的描述：「明堂……室外、柱內，綺井之下，施機輪，飾縹碧，仰象天狀……每月隨斗所建之辰轉，應天道。」在天花板上藍綠色裝飾成天空，並有用機械運轉的北斗在不同月分指向不同的星象，就像現代的天文館一樣，甚至會下雨及打雷，可以讓皇帝來瞭解天象及曆法，大概就是根據東漢張衡的設計，在《晉書・天文志》裡就對張衡的天文館有相當生動的描述：「張衡又製渾象，具內外規、南北極、黃赤道，列二十四氣、二十八宿中外星官及日月五緯，以漏水轉之於殿上室內，星中出沒與天相應。因其關戾，又轉瑞輪蓂莢於階下，隨月盈虛，依歷開落。」這個明堂建築在北魏時期經絲路傳到波斯，公元 624 年拜占庭攻破波斯薩珊王朝（Sassanian）首都時就發現這個明堂建築（Takht-e Solaymân），裡面就有機器運轉的天文景像。很多古代波斯城市也是用這種圖形設計的，安息（Parthia）時期達拉哥德（Darabgerd）及薩珊王朝時期的菲魯扎巴德（Firuzabad）都是這種設計，最有名的就是在阿拉伯帝國時期的巴格達。元朝天文學家郭守敬也曾製造一個可以演示天象（像現在天文館）的「玲瓏儀」，在北京明代古觀象臺就可以看到這個儀器。

　　中世紀時阿拉伯國家建立許多觀象臺，其中最著名的是由旭烈兀汗（Hulagu Khan，忽必烈之弟）在十三世紀建立的巨大「馬拉蓋」（Maragha，在現今伊朗）觀象臺及由 Ulugh Beg 在 1420 建立的撒馬爾罕（Samarkand，在今烏茲別克東部）觀象臺。

有了天文觀察的資料後就需要對這些資料進行整理、分析並推理，數學便是分析這些資料的利器，科學的語言是數學，沒有數學就無法有效的對觀察的現象作分析及推理，並得到精確的量化結果，從量化結果而找出大自然的運作規律和法則。

　　古代埃及、巴比倫（這是對兩河流域文化的統稱，包括最早的蘇美、阿卡、亞述、巴比倫、迦勒底及波斯）、印度及中國都發明數學的工具來分析天象，巴比倫很早就有相當先進的數學，在三千多年前他們已經知道如何求平方根及立方根，對三角形的計算比畢氏定律要早了一千多年（畢拉格拉斯則是從埃及僧人那裡學到數學，他的數學對後世影響很大），並知道計算三角函數（Plimpton 322 泥板）及三角形的面積，他們也可以解出二次方程式及多元方程式。古代中國則對代數作出重大的貢獻，但巴比倫及中國的數學注重代數的演算，幾何學的發展則主要是由埃及開始，再由希臘人加以發揚光大，埃及的幾何學只為實用並沒有邏輯的成分，希臘人最大的貢獻是用邏輯發展數學的證明方法，把幾何學從一個實用的技術變成一個抽象邏輯推演的學問，這是中國數學缺少的部分，中國發展的數學主要是用歸納、直覺、經驗，而且像其他科技一樣都只注重實用並不重視理論的發展，使中國科學的發展缺少理論邏輯的分析，是中國科學發展的最大瓶頸，但這並不表示古代中國沒有像希臘的邏輯分析，魏晉時期的劉徽、趙爽和祖冲之父子都是要求嚴格的證明，而不是只有提出演算方法，但很可惜後來的學習以背誦解題為主，這個數學發展方式就沒有傳承下去。

Chapter 1

算數

　　數日子是觀天象的最原始步驟，人類最早的數學大概是從數日子開始的，遠古時代遺留下來的骨或石器上的刻痕就是用來數日子用的，不要認為數日子有什麼了不起，數字的抽象概念是人類大腦演化的一個重要的里程碑，很多原始社會的語言裡只有「1」、「2」和「3」，大於3的數字就用「很多」來描述，「2」常常也只是「比較多」或「其他」的意思，亞馬遜的比拉哈（Piraha）土著甚至經過一段時間教育訓練後，仍然無法數東西。有的民族雖然可以數東西，但並沒有數字的抽象概念，所以5個人和5根香蕉並沒有關聯，這是因為比較原始的大腦（動物、嬰兒）對數量只有類比的定性（比較多或比較少）概念，而沒有抽象的定量概念。人類大腦因為抽象定量概念的演化，才產生了代表數目的數字符號及加減的抽象概念，這是數學的起源。

　　因為我們大腦原來無法處理比3大的數字，因此就發明了用身體的部位來記錄比3大的數字（這算是一種初步計算工具），比較進步的民族會用手指來表示數字，所以英文字「digit」是「手指」，也是「數字」的意思。用10根手指就可以數到10，如果用大拇指去數同一隻手手指的關節，就可以數到12（所謂的「算甲指」）。有的民族用其他身體

的部位，就發展出其他的進位系統，例如南非的布須曼人（Bushmen）就用 2 進位系統。為了數更大的數目，一些民族就結合 10 及 12 的計數系統，是用一隻手指算 12 個單位，再用另一隻手的手指數多少個 12 單位，總共就是用兩隻手可以數到 60（5×12）為一大單位，現在中東地區仍然有人用這個方法數東西。

但當數目大於手指或其他身體部位的數字時，人類才進一步發明了用小石頭（英文字「calculate」的原意就是數石頭）、結繩或刻痕的方式來記錄比較多的數字，但用這個方式數大數字仍然很不方便，最早時人類大腦大概也無法有效處理這個工作，因此就發明用 5 或 10 作一個單位來數（1 個 10、2 個 10 等等），比如把小石塊分成 10 個一堆，或刻木痕時在第 10 個痕用比較長的痕跡，這大概就是「5」或「10」進位算數的起源，用 12 作一個計數單位就是「12」進位算數的起源，用上述的 60 作一個單位就是 60 進位的起源。我們現在投票計數常用中文字的「正」作一個單位，就是源自這個古代計數方法。

古代埃及和中國商朝就是採用十進位系統（天干）來數日子，而古代印歐民族則是採用 12 進位系統，dozen 就是 12 的單位，在奈及利亞一些民族的語言，1 到 12 都是不同的字，到了 13 以後就變成 12+1 等等，英文數字到 12 都是個別的字，超過 12 後才用 teen（例如 13 是 thirteen 等等），南島民族及非洲許多民族也是用 12 進位系統，中國古代的天干和地支系統和巴比倫的 60 進位系統就是 10 和 12 這兩種進位系統的組合使用，來數比較大的數字及週期，中國在商周時期大概就是不同民族（商族用 10 進位和南方百越用 12 進位）的融合而產生 60 進位的系統，來整合不同區域數東西的系統。

為了幫助大腦計算數目，人類後來就演化出用簡單的抽象符號來代表數字，1 就是一條線，2 就是兩條線（「2」本來也是兩條橫線，一筆聯寫才變成 2，3 也是如此），這樣就比用石頭、結繩和刻痕方便多

了，這些簡單的抽象符號就是文字的前身，剛果地區的土著仍然使用這種比較原始的方法，埃及至少在 5700 年前已經發展出 10 進位數字符號，1 到 9 用線條數目表示，10、100 和 1000 一直到百萬用不同符號，中國商朝時也發明了數字符號，最大的數字符號是代表一萬，到了戰國時代，這個符號系統改成由直線及橫線組成，這是因為這時發明了「籌算」的演算方法，而單位更有小於 1 的分（1/10）、厘（1/100）、毫（1/1000）、秒（1/10000）、勿（1/100000）等，中國也是最早使用負數及小數點符號的國家，「0」的符號則由印度發明。

　　古代中國「籌算」就是一種「10」進位的演算方法，就是用小竹棍或小木棍的橫豎排列來代表不同數字，並且用來運算，可以算是古代很先進的計算機，現存最早的算籌是 1954 年在戰國時期墓裡發現的。這個方法不但可以作加減乘除的運算，後來還發展出可以作開方及乘方等複雜的計算，甚至用來解高次方程，東漢天文學家劉洪就是用這個方法計算天文資料。「籌算」大概在商、周時期發展出來的，《道德經》裡已經有提到這個演算方法。這個演算方法在公元六世紀傳到印度，對於印度數學產生很大的影響。

　　籌算演算複雜的計算時，因為需要作很多算籌的排列，也需要很大的排列空間，運算起來很不方便，劉洪大概因為計算大量複雜天文資料的需要，將算籌改成珠子，省去排列的時間和空間，他的學生徐岳在他的著作《數術記遺》裡就提到他所學的一個學問是「珠算」，大概就是一種改良的計算機，不過很少人懂得這個方法，後來經人改良將珠子串成算盤，在宋代《謝察微算經》裡已有提到算盤這個計算工具，到了宋、元期間大概因為大量對外貿易的需求，算盤才開始興盛起來，很多人現在還在使用這個又快又不需要電力的計算機，不過在明代算盤取代籌算後，中國的數學發展反而衰落了。值得一提的是明朝宗室朱載堉（公元 1536-1610 年，朱元璋九世孫）用算盤在世界上首先解出 $\sqrt{2}$ 的值，精

確到小數點位第 25 位數！他用這個方法第一次將八音等分成 12 律，是音樂學及音樂物理的重要貢獻，後來傳到歐洲，但朱載堉的 12 平均律並非是現在西方的平均律，朱載堉是把中國古代的十二音律作平分，中國古代音律和天文計算有密切的關係，不過不是本文主題就不再討論了。朱載堉在天文學上也有不錯的成就。朱載堉不只是非常好的理論學家，他也用實驗去證實他的理論，他的著作中就作了很多音樂學的實驗。

但從數東西到能夠作簡單的加減計算，對於大腦是一個很困難的演化過程，因為我們大腦本來就沒有設計可以作演算的結構，科學家用現代先進的功能核磁共振影像（fMRI）分析，發現即使簡單的算數計算，也需要起動大腦很多部位一起合作才能完成，而且要經過訓練才能有效的整合大腦的不同部位來作運算。經過長時期的發展過程，大腦這個新的能力大概在六到七千年前才演化出來。因為演算需要借助符號，所以數學運算很可能就是促進文字發現的原動力，我們在出生的時候還不具備這些新的腦功能（讀、寫、數學），所以我們才需要上學，去學會如何整合大腦的神經網路，去作這些在演化上相當新的功能，許多科學家和教育學者就希望利用現代腦科學的技術及原理，找出一個有效的教學方法來教導學生來學習這些人類大腦的新功能。

埃及很早就發明用簡單符號乘除的演算方法，這個方法後來傳到希臘等地，現在已知最早的數學計算是四千多年前蘇美人的乘法表，這個乘法表也用來作比較大數字的相除計算，用數表的好處是省去重覆的大腦運算。

但這些計算方法還不是很有效，巴比倫在三千多年前就發明了位值系統（place-value），來簡化數字符號的運算，不過他們用的是 60 進位系統，中國在周朝時期發明的籌算則是世界上最早的十進位有位值的演算方法，但這不是用數字符號寫出來的演算方法（筆算），後來（大

大概在公元七世紀）印度發展出我們現在使用的阿拉伯數字，才有用書寫的十進位位值演算方法，意思就是說一百二十三可以用 123 的符號來代表，最後一個數字代表個位數，往前一位是十位數，以此類推，這樣不但省去很多符號（十、百、千等），而且運算起來也非常方便，印度這個系統可能是受到中國籌算的影響。在公元十世紀波斯數學家拉邦（Kushyar ibn Labban, 971-1029）的名著《印度算術原理》（*Kitab fi usul hisab al-hind*）裡的算術計算例子就是抄自中國三國時期《孫子算經》裡用籌算的例子，同樣的，著名的義大利數學家費波那契（Leonardo Fibronacci, 1170-1260）的名著《算盤之書》（*Liber Abaci*）裡的一些計算問題也是來自三國時期的《孫子算經》。

中國古代在算數方面有很重要的貢獻，西漢天文學家落下閎就發明了連分數（輾轉相除）的計算方法去取得漸進分數的值，用來計算行星每日平均運行度數，及計算閏月的數目，《孫子算經》裡發展出來的計算方法，現在稱為中國剩餘定理，或孫子定理，希臘歐幾里得（Euclid）在公元前 300 年及印度數學家阿耶波多（Aryabhata）在公元 499 年也有類似的方法，孫子定理經《算盤之書》的介紹傳入歐洲，十八世紀時數學家歐拉（Euler）才對這個計算方法作詳細的分析，西方著名數學家高斯（Johann Carl Friedrich Gauss, 1777-1855）在 1801 年也發展出類似的方法，這個數學方法後來被應用於密碼、快速傅利葉轉換及戈德爾不完備定理（Goedel Incomplete Theorem）。這個計算方法讓曆法家可以算出天文常數的值，對中國古代天文曆法的計算非常重要。我們現在用的很多數學名詞，如分子、分母、開平方、開立方、正、負、方程等等，都是從古代一直沿用到今天。但中國古代數學都是使用漢字來敘述，學習起來非常不方便，所以在西方數學引進後，這些古代的知識便逐漸末落了。

Chapter 2 /

代數學的發展

埃及和巴比倫大概是世界上最早發展代數的地方，埃及 3600 年前的數學典籍 *Rhind Papyrus* 就列有 20 個算數及 20 個代數問題，在這個時候，他們已經可以處理一次方程的代數問題，到了 3400 年前他們的數學典籍 *Berlin Papyrus* 已經進步到可以解決二次方程，為了方便計算，他們和巴比倫一樣也採用計算好的數表來幫助計算比較複雜的問題。巴比倫在公元前 1800 到 1600 年的近 500 片數學泥板裡也有可以解二次方程、一些三次方程、聯立一次方程式組的問題及畢氏定律的問題，後來希臘及印度就繼承這些先進的數學，代數在十五世紀傳入歐洲，法國數學家維特（Francois Viete, 1540-1603）開始使用符號來寫代數公式，後來笛卡兒（Rene Descarte, 1596-1650）使用的符號就是我們現在學的代數學，因此代數學就是源自近四千年前的古巴比倫和埃及。

古代巴比倫在解方程式時常用幾何圖形的方式來幫助尋找答案，後來希臘和中國也是如此，這可能是因為圖形本來就是我們大腦的認知功能，比抽象的代數運算來得容易，因此代數和幾何在古代是互補的，歐氏幾何學就是一種代數化的幾何學，第三世紀時，希臘數學家丟番圖（Diophantus，代數之父，他死時的年紀在他墓誌銘也是用數學公式表

示）在他的著作《算學》（*Arithematica*）才不用幾何圖形來幫助找答案，而是用演算去確切的解題，並且引入未知量及運算的符號來作運算。

　　中國數學的發展主要在代數學，我們現在所說的「方程式」這個名詞就是來自《九章算術》的第八章；方程，《九章算術》用矩陣法解聯立線性方程式群，比歐洲數學家 Gauss 的發明早了 1500 年，祖冲之已可以解三次方程式，唐朝末年天文學家邊岡為了修正曆法創出一系列高次函數計算法，北宋賈憲則發明「增乘開方法」，第一次使用 Pascal 三角形，比 Pascal 早了 7 百多年，金代數學家李冶（公元1192-1272）在《測圓海鏡》中就可以解 6 次方程式，他用「天」字來代表末知數（我們現在用 X）的一種算法，稱為天元術，用代數來解決實際的幾何問題，他的天元術經伊斯蘭數學科瓦利米（A1-Khowarizmi）傳到歐洲，啟發了歐洲的代數，Algebra（代數）這個字來自科瓦利米所著的 *Kitab al-muhtasar fi hisab al-gabr wa-l-muqabala* 名稱中的 al-gabr這個字（意思是完成，表示代數運算中等式兩邊的移位）。

　　到了宋朝，秦九韶（1208-1261，著有《算書九章》）發展出的開多乘方法來解多次元方程式，比西方的賀納（W. G. Horner, 1786-1837）方法早了 600 年（西方則認為是日本關孝和的貢獻，但其實關孝和是從中國數學學到這個方法），他的大衍求一術（是從《孫子算經》發展出來的）用來解決聯立一元不定方程式組。元朝數學家朱世傑發展出多元高次方程式組的解法（四元術）及高階等差級數求和的算法（垛積法），他也使用矩陣法去解方程式，他的方法比歐洲早了三、四百年。朱世傑被認為是十三世紀最偉大數學家之一，他的著作對韓國及日本數學影響非常深遠，尤其他的《算學起蒙》讓韓國及日本數學教育迅速發展，日本著名的數學家關孝和（Seki Takakazu, 1642-1708，有「日本算聖」、「日本的牛頓」之稱）就是受到朱世傑的影響。但朱世傑的著作在中國卻失傳了，到了十九世紀才從韓國重新傳回中國。

到了明朝，雖然宋元時期發展的數學已經末落，幸好有一位民間數學家王文素（1465-?）花了 30 年的功夫將這些古代數學及民間實用算學整理出來，在嘉靖三年（公元 1524 年）寫成近五十萬字的巨著：《新集通證古今算學寶鑑》，在這本書裡，他不只是收集算法，而是對民間的算法詳細分析，指出錯誤的地方，並且提出許多創見，尤其是提出微積分中導數的概念，但同樣的在中國沒有受到重視，幾乎失傳。

Chapter 3

幾何天文學的興起

　　人類大腦天生就是對形狀有很敏銳的認知功能，這是生存必要的重要機能，可以讓我們分辨不同的動物或植物，例如「V」這個形狀就會引起被威脅的感覺。後來人類大腦演化出一種新的認知功能去將自然物體形狀抽象化，從舊石器時代的陶器花紋形狀到後來的織布的花樣都是這樣開始的，這些裝飾花紋都是重覆的幾何圖形，這是藝術和文字的起源，這種新的抽象認知功能就是幾何學的濫觴。

　　到了農業社會開始後，因為人口集中，土地的劃分及測量就變成非常重要，都市的設計及建築宮殿和神廟也都需要新的量測技術，天文的觀測也需要角度及投影的測量，幾何學的發展就是從計算長度、角度、面積、體積及開始的。

　　上述埃及的 *Rhind Papyrus* 數學典籍就列有 20 個幾何學的問題，例如在第 42 個問題，他們導出儲糧圓筒的體積為 V＝｛（1-1/9）d｝2h，d 是圓筒的直徑，h 是高度，一個可能更老的數學典籍（*Moscow Papyrus*，4000 年前）則討論如何計算容器面積及體積的問題及金字塔體積，希臘科學家戴爾（Thales of Miletus，Miletus 在現今土耳其西岸）就曾應用幾何學去計算金字塔的高度及船離岸邊的距離。三千多年前的

巴比倫數學石版（BM15285，現存於大英博物館）也有列出一些幾何學的問題，例如如何計算圓筒的體積及畢氏定理。

雖然中國古代數學主要在發展代數的演算，但早期也曾對幾何學作出重要的貢獻，《周髀算經》就已就證明了勾股定理（畢氏定理，三國時期趙爽加以註解），寫於春秋戰國時期的《墨經》有很多幾何學觀念的敘述，例如提到點、直線、圓、方、圓與直線等概念，並提到時空的連續性，和大約同時期的歐幾里得幾何學的敘述相似，但這些敘述都是分散在《墨經》裡，並不是一個整體性的學說。在大約同時期的《九章算術》裡有許多求面積或體積的幾何問題，但這些都只是演算問題，並沒有推理的證明，而且是用代數的方法去解決幾何問題（古代巴比倫也是如此）。

到了西元前五、六世紀時天文學有一個重大的改變，希臘的思想家開始用幾何的觀念來研究天文學，古希臘的幾何學是戴爾（Thales）在公元前六世紀從埃及的祭師學來的，他在埃及留學七年，把埃及的幾何學及天文學帶到希臘，後來畢格德拉斯（Pythagoras）向戴爾的弟子阿那克斯曼德（Anaximander）學習幾何學，戴爾也鼓勵畢格德拉斯到埃及去留學，學習更多的數學，他在公元前 547 年到埃及的一所廟宇接受數學、天文及宗教的訓練，在那裡留學 22 年之久，他著名的畢氏定律就是從埃及學來的，畢氏後來輾轉到義大利南方建立自己的學院及宗教團體（這是受到埃及宗教的影響）。

柏拉圖受到畢氏的影響很深，在希臘本土建立幾何學的傳統，柏拉圖就曾說，不知道幾何學的人不要進我的門！我們熟知的歐氏幾何（Euclid Geometry）是由歐幾里德（Eulcid, 325-265BC）把二千多年的幾何學知識整理成一個有系統的學問。歐幾里德曾在柏拉圖學院學習，受到由多克薩斯（Eudoxus of Cnidus, 408-355BC，著名的天文學家及數學家）的影響。多克薩斯是亞里斯多德的老師，他從埃及學到的

天文學及數學就是伊巴谷（Hipparchus）的研究基礎。

　　戴爾認為宇宙是由一個圓球，另外一個哲學家阿那克西美尼（Anaximenes）則進一步認為星球是被固定在一個晶球上，柏拉圖的學生由多克薩斯更進一步首先提出天與地球是同心球的說法，星球則分布在這個球上，並以地球為軸轉動，這個幾何模型很容易就可以解釋星座中不變的星象及星座隨時間的轉動，但為了解釋會移動的行星，他提出多層同心球的學說，以不同球的轉動，來解釋不同行星的運行。這個學說和中國的「渾天論」非常相似，但比「渾天論」早了兩百多年，東漢張衡在《靈憲》裡就說：「渾天如雞子，天體圓如彈丸，地如雞中黃，孤居於內……」柏拉圖認為星球運行的軌道應該是圓形，因為圓是最完美的圖形，而神所創造的宇宙應該是最完美的。

　　到了公元前第三世紀在埃及由亞歷山大大帝建立的亞歷山大城已成為希臘文化的中心，在這裡用幾何學作基礎的數學天文學發展到了高峯，人才輩出，埃拉托塞尼（Eratosthenes, 275-194BC）用幾何的方法訂出地球的周長，阿里斯塔克斯（Aristarchus of Samos, 310-230BC）用數學的原理定出太陽及月球的相對大小，及和地球的相對距離，而伊巴谷（Hipparchus of Nicaea, 180-125BC，三角學之父）更用幾何學及三角函數把天文學帶到一個高峯，這些偉大的科學家都是用仔細的觀察及邏輯的推演，配合數學量的分析，開創了西方科學的傳統，對後來科學的發展影響極深，在下面就對他們的成就作一些簡單的介紹。

　　阿里斯塔克斯也是用幾何學的方法來量月球及太陽與地球的相對距離，他的方法很有趣，因為當時已經知道月光是陽光的反射，因此若月亮半圓時，那麼太陽、地球及月球的相對位置就會成為一個直角三角形（如下頁圖所示），因此只要定出 A 角的值就可以算出地球與月球及太陽的相對距離，但當時沒有好的儀器，所以他用眼睛視角差（parallanx）

推算的角度是 87 度，比真正的值 89 度 59 分小，（從圖上可以看出來，這個角度差一點的話，地球與太陽的距離就會差很多）因此算出的相對距離比實際值小了很多，但已經是非常難能可貴了。他用這個方法估算出地球和太陽的距離是地球和月球距離的 19 倍（事實上應該是 390 倍），但因為太陽和月球的視角差很接近，因此太陽一定要比月球或地球大很多（一個籃球要放到比一個乒乓球更遠的地方，看起來才會有類似的大小），他從這個推理認為應該是比較小的地球繞著太陽轉，而不是像當時的想法認為是以地球為中心，太陽繞著地球轉，他的太陽為中心的學說比哥白尼早了將近兩千年，但他的理論受到當時宗教的迫害及學者的強烈反對，因此就被大多數人遺忘了。

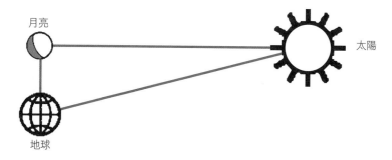

阿里斯塔克斯也利用月食是因為陽光被地球遮住的事實，他計算月球從剛要進入地球影子到月全食時的時間，這個時間等於月球運轉月球直徑距離所需要的時間，他再量月球從開始月全食到走出地球陰影所需的時間，這個時間等於月球走過地球陰影所需的時間，這兩個時間的比就等於地球陰影直徑和月球直徑的比，他假設太陽光是平行的照到地球，那麼地球的陰影大小就等於地球的大小，從這個推理他就可估算出地球的半徑大概是月球的 2.86 倍（事實上應該是 3.76 倍，這是因為陽光的投影並非平行線而是有角度的，因此地球的陰影大小並不等於地球的大小），如果用埃拉托塞尼定出的地球周長，就可以算出月球的周長

大約是 14000 公里，比真正值 10,916 大了一些，不過已經是難能可貴了。

月球到地球的距離則可用視角的方法來計算，你如果拿一個十元的錢幣，放到離眼睛到一定距離剛好可以遮住月球時，那麼你的眼睛、錢幣和月球剛好形成一個圓錐，這個幾何圖形告訴我個月球直徑除以月球到地球的距離等於錢幣的直徑除以眼睛到錢幣的距離，阿里斯塔克斯就是用這種簡單的推理算出月球到地球的距離是月球直徑的 30 倍。

他也用視角來比較月球及太陽的大小，他觀察月球及太陽的視角差不多，但因為從上面的分析知道太陽離地球比月球離地球大 20 倍（實際是大 403 倍），因此太陽要比月球大 20 倍，雖然因為沒有精確的量測儀器使阿里斯塔克斯的計算誤差很大，但他的研究的理性邏輯方法奠定了後來西方科學發展的基礎。

從表圭的分析伊巴谷也發展三角函數的方法來計算太陽軌跡，托絡密把希臘的幾何學及巴比倫的代數計算法（數字表列方法）結合起來，可以說是分析幾何學的開端，使天文學的發展向前邁進一大步，這些古代埃及（幾何學）及巴比倫（代數）的數學就是後來微積分發展的基礎，使物理學得以快速發展（見第四章）。

真正在幾何學有重要貢獻的古代中國數學家是三國時期的劉徽（225-295）及東晉的祖冲之父子，劉徽首先提出如何用推理去計算物體體積的原理，比義大利數學家卡瓦列里（Bonaventura Cavalieri, 1598-1647，伽利略的學生）早了一千兩百多年，祖冲之的兒子祖暅則進一步用這個原理去計算一個球體的體積，卡瓦列里原理是微積分發展的重要步驟。劉徽也用幾何方法去解平方根及求圓周率，他用「割圓術」的方法，得到 π=3.1416，「割圓術」求圓周率的方法和希臘阿基米德（Archimedes）的方法很相似，都是以多角形邊長和來作為圓周的近似值，不過劉徽只是圓內的多角形就可以得到很正確的值。圓周率近似值

這項紀錄，保持 1000 年以上才由阿拉伯數學家阿爾 · 卡西於 1427 年所破，你如果把 1、3、5 三個奇數重覆寫成 113355，那麼 π 的近似值就是用後面 3 個數字除以前面 3 個數字（355/113），355/113 這個分數其實是用漢初落下閎的通其率方法（連分數）算出來的，通其率是曆法計算閏月及天文常數的「實數有理逼近」方法。

Chapter 4 /

內插法（interpolation）

　　古代天文觀測的主要目的是制定曆法及預測特殊天象如日食或月食，曆法必須能夠在長時間預報各種季節的到來，才能讓農作能順利進行，政府及社會的各種慶典及活動才不會產生紊亂。要能夠長時間預報天象的主要依據是天象是有規則的變化，但事實上天象並不很規律，例如在一年中太陽和月球的運行並不是等速的（這是因為運行軌道不是圓形而且軌道本身也會轉動的關係），因此要長期準確預告季節就很不容易，這就是為什麼古代曆法只能適用一段時間，到了開始產生錯亂時，就必須再重新制定新曆。因此古代天文學家的一個工作就是希望能夠從長期觀察天象的大量資料中找出一個天象變化的規律，再用這個規律去制定曆法，以準確的預報季節。

　　天象觀測在有限的時間進行，因此觀測點中間就沒有數據，因為日、月、星球的不規則運動，觀測點中間的數據對於制定曆法非常重要。為了求觀測點中間的數值，古代巴比倫及希臘天文學家就使用線性內插法，這個方法是把兩個觀測點數據用直線連起來，觀測點中間的數值就可以在這個直線上找出來，中國古代稱為「招法」，東漢劉洪（著有《九章算經》，也是中國珠算之父）就提出線性內插法來處理月球繞地球不

等速的問題（他稱之為「消息術」）作成《乾象曆》的新曆法，這個方法在觀測點很靠近時還很適用，但觀測點距離較遠或變化不規則的觀測（如一年中看到的太陽的運行速度）就不適用了。公元 600 年時隋朝劉焯（544-610）就發明了相當於現代的「等間距二次內插法」（平均內插法）來解決太陽運行的問題，但到了唐朝僧一行就發現劉焯的方法不好，因為太陽運行速度是漸進而非等速，他因此發明了非線性二次差內插法（second order interpolation），僧一行的天文和數學知識很多來自印度，他的公式是否受到 625 年印度 Brahmagupta 發明的二次差內插法的影響就需要進一步研究了。金朝趙知微在修《大明曆》及元朝時郭守敬和王恂在製作《授時曆》時更進一步改進發展成三次差內插法（垛疊招差法），元代數學家朱世傑則更進一步提出四次內插公式（垛積招差術），已經相等於 1670 年的 Gregory-Newton 公式了。

Chapter 5 /
三角學（Trigonometry）

　　觀察星球在天空上運轉最重要的是要量測觀測的角度變化，古代埃及和巴比倫對於星球在天球上的位置都有很詳細的記錄，而且要建造像金字塔那樣巨大完美的建築物，顯然他們已有很好的測量角度的方法，並知道三角形邊長比的關係，但因為沒有有系統的運算數學，因此都是用對照表的方式（在沒有電腦以前這是大家常使用的方式），埃及和巴比倫都把黃道分成 360 度，這個傳統是後來三角學的重要基礎。三角學是從希臘幾何學延伸出來的數學，最早是由伊巴谷開始，他因此被稱為三角學之父，但希臘發展出來的三角學還是用幾何圖形的方式來分析，而且沒有角的函數概念，用起來並不方便。最早使用 sine 這個計算方式的是印度數學家阿波多耶（大約公元 500 年左右），後來在十二世紀時印度數學家 Bhaskara 發展球面三角學，並結合代數學的運算導出許多三角公式。

　　因為希臘天文學是以天球的模型為基礎，因此球面三角學對於天文學的研究就很重要，阿拉伯人繼承希臘及印度的系統，幾位著名的天文學家就致力發展三角學及在天文的應用，他們引進 sine、cosine、tangent、cotangent 等三角函數概念及運算，sine 及 cosine 是從星象觀

測發展出來的，而 tangent 及 cotangent 則是表圭測影計算需要所發展出來的。阿拉伯天文學家徒思（al-Tusi）就用代數運算方式把三角學發展成一個純數學，他並將他的球面三角學應用到天文計算，他建立的三角學就是現在大家使用的三角學。歐洲人在文藝復興時從阿拉伯人那裡得到這門學問，並將之發揚光大。

中國三角學的發展比較晚，在唐初時才由印度傳入中國，印度籍的太史官瞿曇悉達（Gautama Siddha）在編撰《開元占經》時就把印度數學家阿耶波多的 sine 數表列在裡面，僧一行（張遂）在他編撰《大衍曆》時發明了 tangent 的表，宋朝著名科學家沈括就發明用幾何學方法來計算弧長近似值的方法，稱為「會圓術」，並應用於天文計算，元朝天文學家郭守敬改良沈括的方法得出一個新的類似球面三角學的計算方法，並利用阿拉伯人的三角學去制定《授時曆》。雖然從唐朝開始，印度及阿拉伯的三角學漸漸傳入中國，但中國數學家及天文學家似乎沒有受到很大的影響，這一點和歐洲的情況很不一樣，這可能是因為中國的數學傳統是代數，幾何學的問題都是改由代數方程式來解決，最有名的就是金元時期的數學家李冶，他在他著名的著作《測圓海鏡》中採用符號（天元術）來代表未知數，並發明負數及小數點符號來描述幾何問題的代數方程式，是現代代數學的先河，比歐洲早了三百多年。

Chapter 6

古代天文學的傳承

　　天文知識和一般的文哲知識不太相同，它有長久的大量天文觀測資料及想法，而且需要懂得觀測的特殊技術及數學運算，所以一般人是無法看懂這些天象觀測資料及術語的，因此天文知識必須有一套特殊及有效的傳承方式，才能把這些寶貴的知識保存下來，並加以發揚光大。

　　在遠古時代因為占卜及宗教的需要，天象的觀測及知識都是掌握在祭師／政治領袖的手中，因此自古天文和占星學是密不可分的，法國拉斯科（Lascaux）岩洞裡 16500 年前舊石器時代的岩畫裡就有天文圖案，在濮陽西水坡發現的六千多年前的古墓顯然就是有天文圖像的大祭師墳墓。古埃及祭司就有相當先進的天文知識，古代巴比倫（這是兩河流域文明綜合用詞）的祭司也是天文學家及文字書寫者（相當於中國的史官），不管改朝換代，他們都詳細的把長久的天文觀測記錄用楔形文字寫在石版上，這些天文知識都是由祭司代代相傳，在西元前七世紀時亞述帝國的國王亞述巴尼拔（Ashurbanipal, 668-627BC）更在著名的古城尼尼微（Nineveh，在現在伊拉克北部城市摩蘇爾的旁邊）建立一個圖書館來儲存幾千年的天文、醫藥及藝術等古代資料（共 30943 片泥板，現存於大英博物館），我們現在經過考古發掘才看到這些古代的天

文觀測資料，亞述巴尼拔的圖書館也　發了後來的亞歷山大、波斯、希臘及伊斯蘭帝國去建立圖書館，這些古代的圖書館是西方天文學發展的重要基石。公元前 763 到 575 年在尼尼微觀測的日食讓巴比倫天文學家發現了沙羅週期。

　　巴比倫文明衰落後，很幸運的，這些天文知識還保存在泥板上，在亞歷山大大帝征服波斯之後這些天文知識便由希臘人繼承，亞歷山大大帝很快的就請人把古代巴比倫的知識翻譯成希臘文，並送到希臘去研究，也將巴比倫的知識傳到他征服的印度，他也學亞述巴尼拔王那樣建立著名的亞歷山大圖書館。當時傳授巴比倫天文知識的都是巴比倫的祭司後代，例如迦勒底祭師貝羅索斯（Berossus）就在科斯（Kos）島（也是一個文化中心，醫學之父希波克拉底就是在那裡習醫及治病）開班教授占星術及天文學，繼承巴比倫天文知識最有名的就是伊巴谷，伊巴谷的工作地點是在古代希臘的羅德島（Rhodes，在現今土耳其西岸），羅德島在亞歷山大大帝征服埃及之後就成為地中海中的一個重要貿易及文化中心，設有各種學校及研究中心。同一個時期的文化中心是在埃及的亞歷山大城，在那裡研究的托勒密就繼承伊巴谷的天文知識，寫成《天文大成》，這個集古代天文知識的巨著被阿拉伯人繼承之後，在文藝復興時就成了西方天文學的基礎及科學發展的原動力。

　　在古代中國政權衰落後，天文及占星學的工作便流散在各地，《史記‧曆書》就說：「幽厲之世，疇人子弟分散，或至諸夏，或至夷翟。」天文及占星的知識便由巫師、陰陽師及後來的道家及道教繼承，班固的《漢書‧藝文志》裡就說：「陰陽家者流，蓋出於羲和之官，敬順昊天，歷家日月星辰，敬授民時。」羲及和是古代的天文官，陰陽家後來在中國式微（但在日本傳承），部分變成道家及道教，道教後來就繼承這個天文傳統，司馬遷在《論六家要指》中就指出：「道家者流，蓋出史官。」中國古代著名的天文學家大都是道士或與道教有關，例如與天文有關的

戰國時期著作《鶡冠子》及西漢《淮南子》都是出自道家之手，晉朝名醫葛洪（著有《渾天論》及《潮説》，後者是推論月球與潮汐現象的關係）及他的師父鄭隱也是「不徒明五經、知仙道而已，兼綜九宮三棋、推步天文」的道家，南北朝名醫陶景弘（著有《天文星經》、《天儀説要》、《七耀新舊術》等）及著名的數學家／天文學家祖冲之（製作加入歲差的大明曆，精確量測行星公轉週期），隋唐時的李播、李淳風、丹元子（王希明），元代的邱處機（長春真人）、趙友欽（緣督真人）、郝大通等人都是道士，唐代就有多位道士出任太史令，西漢著名的天文學家落下閎是四川閬中人，而閬中有長遠的巫祝文化，也是道教的發源地之一，閬中出過很多天文學家，如漢時的任文孫、任文公父子，三國時的周舒、周群、周臣祖孫三代，這些都是透過家庭教育把天文及數學知識傳承下來。宋朝著名天文學家蘇頌的天文學也是來自道家的傳承，元朝著名的天文學家郭守敬就是向劉秉忠（元朝的開國元勳，北京城的建造者）學習天文及數學，而劉秉忠沒有變成和尚之前也是全真教的道士，他創立的紫金山書院（在現今邢臺市）是中國古代天文學的重要學府。

　　道教的宗教場所不叫「寺」或「廟」而稱為「觀」就是因為道教素有觀天象的傳統，《樓觀本起傳》記載：「樓觀者，昔周康王大夫關令尹之故宅也。以結草為樓，觀星望氣，因以名樓觀。此宮觀所自始也。」道教的符籙、旗幟也都有天文的符號，道家或道家經典也都有與天文相關的論述，古代許多天文資料也都收藏在道觀裡，《莊子》裡就有〈天地〉、〈天道〉及〈天運〉三篇，其中在〈天運〉就提出十四個跟天文及自然現象有關的問題，《淮南子》裡也有〈天訓篇〉，因此道觀就成了天文知識的傳承地方。

　　古代巫醫不分，因此好的天文學家也往往是傑出的醫生及藥學家，古埃及的印和闐（Imhotep）就是著名的醫生及天文學家，葛洪和陶景

弘便是著名的例子，《黃帝內經 · 靈樞》裡便有天文的「九宮八風」的天文圖象。他們也都對自然事物感到興趣，因此也常常是科學家，而且因為天文的計算也是很好的數學家，所以古代中國的科技就與道教可以說是息息相通。

中國在唐代引進印度天文學及數學，天文曆法的工作幾乎都是由印度人來執行，在宋元時期更大量傳入當時阿拉伯先進的學者、天文知識及儀器。唐朝著名的天文學家張遂（一行）就是在道教元都觀學習天文後，再到嵩陽寺向普寂學習天文，然後到天臺山國清寺學習數學。但印度的天文及數學似乎對中國天文學並沒有產生很大的影響，這一點和西方的情況很不相同，考其原因，主要是因為中國並沒有由國家設立的學術機構來儲存天文資料及知識，並讓各方學者可以作學術交流，因此來到中國的外國學者就很少與中國學者交流，他們的譯著也無法廣為流傳，在古代中國學天文不是家學淵源，就是想辦法拜師學藝，這種學習方式的效率相當低。相對的，在西方從巴比倫、希臘到阿拉伯都是建立研究中心，不但有歷代累積的資料及知識可供學習及參考，而且更重要的是讓各方學者可以齊聚一堂，互相切磋，這個傳統後來在歐洲更以學會組織及學術期刊的運作更加發揚光大，促使科學研快速發展。

二魚文化　人文工程　E052

科學的故事 I ——科學的序曲：觀天象

作　　者	徐明達
責任編輯	林家鵬
內頁設計	陳廣萍
內頁插圖	周晉夷、徐明達、陳廣萍
行銷企劃	溫若涵
讀者服務	詹淑真

出 版 者	二魚文化事業有限公司
發 行 人	葉　珊
	地址　106 臺北市大安區新生南路二段 2 號 6 樓
	網址　http://fishnfishbook.tumblr.com
	電話　（02）23515288
	傳真　（02）23518061
	郵政劃撥帳號　19625599
	劃撥戶名　二魚文化事業有限公司
法律顧問	林鈺雄律師事務所

總 經 銷	黎銘圖書股份有限公司
	電話　（02）89902588
	傳真　（02）22901658

製版印刷	彩達印刷有限公司
初版一刷	二〇一六年五月
ISBN	978-986-5813-78-9
定　　價	三四〇元

國家圖書館出版品預行編目資料

科學的故事. 1：科學的序曲：觀天象
/ 徐明達著. -- 初版. -- 臺北市：二魚
文化, 2016.05
　　面；　公分. -- (人文工程；E052)
ISBN 978-986-5813-78-9(平裝)
1.科學 2.通俗作品

307.9　　　　　　　　　105004407